乔治·麦尔森（George Myerson）
剑桥大学英美文学博士，现为伦敦国王学院教授。多年来关注现当代文学、现代思想，以及日常生活的哲学。著有 *Nietzsche's Thus Spake Zarathustra:A Beginner's Guide*、*Heidegger,Habermas and the Mobile Phone*、*Ecology and the End of Postmodernism* 等。

庄安祺
毕业于台湾大学外文系，印第安纳大学英美文学硕士，译有《创作者的一天世界》《西藏的故事》《托尔金传》等。

片刻与永恒

九十九个幸福时刻

[英]乔治·麦尔森 — 著

庄安祺 — 译

·桂林·

片刻与永恒：九十九个幸福时刻
PIANKE YU YONGHENG: JIUSHIJIU GE XINGFU SHIKE

A PRIVATE HISTORY OF HAPPINESS: NINETY-NINE MOMENTS OF JOY FROM AROUND THE WORLD by GEORGE MYERSON

图书在版编目（CIP）数据

片刻与永恒 ：九十九个幸福时刻 / （英）乔治·麦尔森著 ；庄安祺译. --桂林 ：广西师范大学出版社，2022.8

书名原文: A Private History of Happiness: Ninety-nine Moments of Joy from Around the World

ISBN 978-7-5598-5029-4

Ⅰ. ①片… Ⅱ. ①乔… ②庄… Ⅲ. ①幸福－通俗读物 Ⅳ. ①B82-49

中国版本图书馆 CIP 数据核字（2022）第 088433 号

广西师范大学出版社出版发行
广西桂林市五里店路 9 号　邮政编码：541004
网址：http://www.bbtpress.com
出版人：黄轩庄
全国新华书店经销
湛江南华印务有限公司印刷
广东省湛江市霞山区绿塘路 61 号　邮政编码：524002
开本：880 mm × 1 280 mm　1/64
印张：6.75　　字数：163 千
2022 年 8 月第 1 版　　2022 年 8 月第 1 次印刷
印数：0 001~5 000 册　　定价：58.00 元

前言

幸福的人，往往一眼就可以辨识出来。幸福显现在他们的眼眸，在那一瞬间，幸福就是他们的当下。

在接下来的篇章里共有九十九个幸福的时刻，每一个记录都是某人在特定时刻的快乐体会——或许是几分钟，或许是一小时，又或许是特定的某一天，时间由四千年前到不远的过去，人物包括形形色色、不同背景的男女老少，他们在世界各地生活（或远赴天涯海角），包括北美和不列颠；欧陆和中国；北非、印度和日本。他们或许在都市的大街小巷，或许在乡村的溪边河畔，在自家花园或崇山峻岭，在小木屋或华厦豪宅，在长途旅行的路上，或在短暂休息的片刻，感受到活色生香的动人时刻，心头涌现种种体会，达到平和宁静、天人合一的境界，发出欢笑。

这些日常的幸福体验鲜明生动，历经数世纪甚或数千年而不衰，自然而然地从平淡中凸显出来，让我们一眼就认识这人类共有的体验，并理解那些看起来遥远而陌生的“别处”生活。这些欢乐的时刻许多都是记载于日记当中，由人类开始写作以来，就以种种不同的形式被记录下来；也有一些是出自信件，这是个人记载光阴流逝的另一种形式；有些则是诗，选取的都是非常私密的作品。即使作者闻名遐迩，这类的文字也通常是来自他们较恬淡的一面。

这些人、这些时刻聚焦在一起，结合成更宏大的观念，把人类幸福的真貌带到我们的面前。在这里，我们得见隐藏于平凡生活背后的潜在欢乐，在错综复杂的高压时代，内心涌现别样的欣喜。对21世纪的人而言，幸福已经成为一个谜语，一个遥不可及的模糊目标。不论是政治或经济、教育或心理，全都承诺会有幸福的结局，以幸福为目的，但若我们要做到这些承诺，就非得要掌握属于日常生活的丝缕快乐不可。如果只看统计数字，那么置身在工业化社会里的我们，大体上是比我们的祖先富裕而健康，但我们是否比较快乐？

就像观看色彩、聆听音乐一样，我们每一个人对幸福的感受各有不同，经验互异。它是悬浮在空中的一种感觉，地平线那端的一种深度。这些来自过去的欢乐时刻在我们心里产生共鸣回响，引发积极正面的自省与思考。它们邀请我们思索某些人对幸福的体会，而不只是笼统的概念那般的陈腔滥调，或是需要我们解开抽象之谜。或许幸福之所以是谜，就是因为我们想要寻觅太“大”的答案。不过在这里，我们可以看到九十九个人如何以他们独特的方式感受幸福。他们的感受全都见证着人类生活中最丰富的潜能。他们并不能代表全世界，但却让我们借此想象全体人类。在我们个别的差异之外，全体人类都共同享有幸福的能力，它正是在提醒我们人类的共同面。另一方面，这些全都是特定时地的经验，因为人总是在不同的地方塑造成形，各有不同的特色。这些书页揭示了某人在其生命中某一天的幸福之处。这些属于过去的男女就像我们一样，在体会到美好感觉的那一刻，只觉得心醉神驰，但接下来很快的，他们必然在这些美好的时光中认出了某些特别的事物，而他们写下来的记录也就像和煦的阳光或微风，穿过我们的日常生活。

人可以在平凡的日子里感到生命的欢悦，不必因为胜过其他人，也无须因为积聚了财富。本书里的每一份记录，都以新鲜的方式呈现了这个真理，并且各有它自己的意义。

如果人类偶尔会沉迷于破坏的欲望，那么他们对微小的事物，也同样有欢喜的本能。在让人意想不到的时间和地点，这世界都像是珍贵的礼物。

大众历史总把时光之流化为“大”日子的断奏：登基与下台、政变与条约、战役与征服，这些旋乾转坤的时刻。而另一方面，个体私人的历史则引领我们面对“小”日子，它们之所以重要，是因为某个特别的人这么感觉。

这些各有不同人生体验的人写下他们的感受，其内在的核心是：“曾有一刻，我因活着而幸福。”如今展读他们的文字，即使在数世纪之后，我们依旧能够立即感受到他们的幸福如何在那稍纵即逝的一刻涌现，创造出必须要记录下来的理由。

本书中的每一段文字，每一个声音都各不相同，充满了特定的生命，闪烁着它自己的光与影。我们接受这九十九个人的邀请，分享他们经验的独特之处——某个地方、某段时间、某种关系。这九十九个欢愉时刻是按照共同的主题排列，并且依照由早晨到黄昏自然的时光流动联结。

在认识执笔的这些作者之际，我们得到了智慧与欢愉。由他们的故事，我们自然而然地了解了幸福，而这也使得我们感到幸福。

这些体验和我们自己的生活产生联系，让我们感受到其他人的热情，他们的兴趣、友谊、内心深沉的平和、突如其来的惊喜或人生细微的况味，而这些也都让我们对自己人生的最佳时光，有了新的领悟。

实实在在、长存记忆的幸福有多么大的力量，它的根源多么深沉而真实，这些都是非比寻常的体验。人生中最快乐的经验赋予我们力量，让我们面对困难重重的真实世界，这种力量，即使是尽善尽美的宣传文字和虚拟图像，都无法企及。在最微小的障碍出现之际，名与利立即化为泡影，但真正的快乐却支持我们向前，直到下一个黎明。

搜罗这些篇章的目的，是要展现我们在弹指之间所发现的、平凡幸福的持久价值与美。

目 录

第1辑 早 晨

第2辑 友 谊

第8辑 健康幸福

第9辑 创造力

第 10 辑　爱

第 11 辑　黄昏

第 1 辑

早晨

1. 周日无忧无虑的驰骋之乐

伊莎贝拉·博德（Isabella Bird）
旅行家
出自她写给妹妹的信
加州特拉基（Truckee）
1873年8月31日

今晨特拉基显现出截然不同的风情，昨晚的人潮已经散去，原先的营火只留下一堆堆的灰烬。里里外外只见一个睡眼惺忪的德国服务生，门户洞开的酒吧几乎是空的，只有几个神情恍惚的游民在所谓的街道上游荡。

今天应该是星期日；但他们说它"今天"会有大批的群众带来欢乐。如今已经不时兴上教堂做礼拜；周日不用工作，而是用来玩乐。我尽量精简随身物品，只把必要的东西收进袋子，并且穿上我的夏威夷骑马罩衣*，罩住丝裙，最后再在外面披上大斗篷，然后蹑手蹑脚越过广场，来到特拉基最大的建筑物——出租马厩，在宽阔走道两侧的畜栏里，共养了十二匹骏马。前晚的那位朋友带我看他的“装备”，三个包着天鹅绒的侧座马鞍，几乎没有鞍角。他说有些女士用墨西哥式马鞍的角，但“在这方面”，没有人像骑兵那样骑（跨坐）。我觉得很尴尬，要是以传统的方式（侧坐马鞍）骑马，自己根本就无法前进，所以只好准备放弃这大好的“狂野”机会。这时那人说：“按你自己的方式骑吧；在特拉基这里，人们大可以随心所欲。”幸福的特拉基！不消片刻，一匹大灰马就“装备”好漂亮的墨西哥式银雕马鞍，马镫腿套上饰有皮革流苏，还有黑熊皮做的鞍座。我把丝裙绑在鞍座上，把斗篷存放进玉米箱，在它的主人还来不及想办法助我上马之

---

* 夏威夷骑马罩衣（Hawaiian riding dress），当时的妇女一般是侧骑，但夏威夷妇女喜爱跨骑，因此她们发明一种罩裙，罩在衣裙和鞋子外，才不致沾上泥泞。

前，就已经安稳坐上它的背。他和聚在那里那些游手好闲的人一点都没有显露出惊讶之情，还是像原来一样，礼貌地对待我。

伊莎贝拉·博德的父亲是英国的牧师。她出生于19世纪30年代，自幼体弱多病，不过1854年她初次赴美之时，人生却有了转变，此后她成了喜爱冒险的旅行家，而她在旅行时写的家书也收集成册，成为脍炙人口的读物。这篇文章是她在1873年赴美国西部的山区时写的。特拉基位于太浩湖（Lake Tahoe）畔，就在加州和内华达州的交界处。这是她探索淘金之乡的开始，而她也以鲜活流畅的文字，把整段旅程记录在寄到苏格兰给她妹妹的信上。

特拉基的四周尽是森林，一直到几年前才铺设了铁路，此地是还待开拓的荒野。往加州淘金的采矿人在这里暂时歇脚。前晚才刚抵达的博德发现此地到处都升起营火，男人围着营火喝酒、唱歌、打架。她穿过这些寻欢作乐的人群，抵达她的旅馆。

到了早晨，此地平静下来，只剩下“一堆堆的灰烬”。昨晚喧闹不休的人们现在都还在沉睡，只有少数几个人百无聊赖地在附近闲荡。博德发挥她的冒险天性，有条不紊地展开她星期天的作息。她以公正无私的眼光观察，注意到似乎没有人上教堂做礼拜，但她并没有对此做评判。她来这里，就是为摆脱作为牧师女儿的生活。

在这昏昏欲睡的小城里，至少在周日早上，有个地方永远是醒着的——出租马厩。经营者已经起床忙碌。其实她一到特拉基就已经和他谈过话，所以“前晚的那位朋友”正在等她。她以专业的眼光打量这些马儿，欣赏他展示给她看的鞍具。

但接着大问题来了，在这个地方，淑女用什么样的方式骑马？这绝不只是个实际的问题而已。那人彬彬有礼地解释说这里的女士通常是侧骑，而非“像骑兵那样骑”，这让博德有点沮丧，她原本想“狂野”一番，她用这个可爱的词来形容自己的快乐，这是她狂放不羁的自由时光。

她因为自己骑马的方式与众不同而觉得不太自在，甚至感到难为情。马厩主人感受到她的不安，立刻安慰她，告诉她不用理会其他女士的做法，只要按她自己的方式来骑马就好。

“幸福的特拉基！”快乐往往出现在忧虑或羞耻这类情绪障碍的反面。

2. 穴乌的歌声划破了迷雾

约翰·詹姆斯·奥杜邦（John James Audubon）
鸟类学家、艺术家
出自他的旅游日志
英国德比郡（Derbyshire）哈德威克（Hardwick）
1826年10月11日

今晨五时，我沿着德文特河（Derwent River）跑步；万物覆盖了一层闪闪发光的凝露。这条小河流升起的雾气，让我们只能在河水碰到岩石掀起涟漪时，才清楚看见它的水面。河谷雾气蒙蒙，若非我知道自己置身何处，并且听到头上穴乌的歌声，恐怕会误以为自己走的是隐藏在地底下的通道。但太阳很快就开始驱散雾气，树的顶层、城堡的塔楼和教堂建筑划破了茫茫迷雾，它们矗立着，仿佛悬在下方的万物之上。万籁俱寂，直到钟声敲响了我的耳朵，很快地，我看到妇女和小女孩鱼贯地朝阿克莱特的工厂（Arkwright's Mill）走去。几乎是立刻，我们前往贝克威尔（Bakewell），并且在鲁特兰阿姆斯饭店（Rutland Arms）吃早餐。

约翰·詹姆斯·奥杜邦1785年出生在海地，他在法国度过一段童年时光。后来他成为知名的美国旷野探险家，并且培养出自己素描和彩绘的风格，在偏僻甚至危险的地方，画出许多野生动物，尤其是鸟类。上面这段文字是他来到熙来攘往、拥挤的英国都市时所写的一段日记。他来英国并不是为了度假，而是要找一些订阅的读者，以便筹集经费，把他的画集结成册出版。他家人的生活和幸福都靠他此举，而此行的确也很圆满，让他得以推出厚厚的四大本《美洲鸟类图鉴》（*Birds of America*）。

奥杜邦此行先后在爱丁堡和曼彻斯特停留，对喜爱开放空间而又生性害羞的他，可说是严酷的考验。但这一天早晨情况比较好，一些小小的欢喜融合在一起，让他享受了特别快乐的一刻，而且恐怕是发生在最出乎他意料之时。

首先，在他困在局促的都市之中，感到格格不入多日之后，终于能在德文特河畔尽情奔跑。清晨的时光让他终于重新享受到习以为常的孤独。雾气覆盖了一切，让世界焕然一新，不只是新的一天，而且是真正的开始。“闪闪发光的凝露”一语说明这个景象是触手可及的乐趣，仿佛晨光黏附在万物的表面，再没有比闪闪发亮的事物更加光滑的东西了。

氤氲在水面上的雾气创造了水与石的迷你缩影，“碰到岩石掀起涟漪”。在奥杜邦的言语中，这些印象虽突如其来，却真实无比。小小的涟漪宛如由固有的混沌中冒了出来，它们是开天辟地的渺小表现。

置身异地，伫立在雾气蒙蒙的河谷，他觉得十分陌生，仿佛身处荒郊野外——“隐藏在地底下的通道”，但一种声音却证明了这世界还存在。鸟鸣！奥杜邦这辈子耗费许多时间在美洲观察鸟类，在他耳中，这是世界的第一种声音，也是最美好的声音。而且他认识这种鸟——穴乌，这也是他快乐的原因。他人虽在陌生的地方，但他所爱的事物也在此地。这就是他唯一所需。

在朦胧的雾气中，环境中的小小片段陆续显现，“树的顶层、城堡的塔楼”，事物以这样的方式出现，更加鲜活生动，仿佛没有重量般悬浮在空中，摆脱了平常所有朝下的压力，就如奥杜邦本人在那秋日早晨必然感受到的自由自在一样。

经过这番鼓舞，他振作起精神，回头再去寻觅筹集经费的办法。穴乌的歌声告诉他，那天早上他充满活力，而他精彩的画作也为无数的观赏者带来同样的效果。

3. 洗冷水澡

弗里德里希·施莱尔马赫（Friedrich Schleiermacher）
哲学家
出自他写给姐姐的信
柏林
1797年8月13日

卡尔（弟弟）和我有个想法，医生也都同意，那就是经常沐浴对我们俩都有好处，尤其是我。离我住处大约一百步就有一家不错的公共浴室，因此每周有几天，卡尔一大早五六点就来找我去那里。当然，他总是看到我还在床上，而且对我而言，只要在床上，就意味着还在梦乡；这是多么快活的醒来，我听到走道上他的脚步声，他一进来，就亲切地向我道早安。我用最快的速度穿衣整装；与此同时，他把烟丝填满烟斗，接着我们就出发了。我们在浴室里安安稳稳地用有点冷的水冲刷四肢，这水来自普兰克河（Planke River），是斯普利河（Spree River，流经柏林的一条河）的小支流；我们起先冷得发抖，接着又因自己的怯懦而哈哈大笑；沐浴完后，只觉通体舒畅，开心无比。回家后，卡尔和我共进早餐，通常都是喝牛奶，偶尔在节庆场合，则喝巧克力。吃喝既毕，我们就聊天或阅读，或者下盘棋，接着各自去做自己的工作。由于卡尔实验室的工作不能早于七点开始，因此他不会疏忽这个唤我去沐浴的义务，而沐浴也为我们带来许多原本享受不到的快乐时光。

今晨我们又去沐浴，接下来则读了一篇有关化学的睿智文章，为我们的早餐增色。

弗里德里希·施莱尔马赫写这封信给他姐姐夏绿蒂时，正在柏林的一家医院担任牧师。他经常和姐姐通信。年近三十的他已经开始参与这个城市的知性生活，当时新兴的风潮看重的是个人的经验和想象力，而他也在经过多年的疑惑和忧郁之后，终于在此得到共鸣。不久之后，他就会成为欧洲宗教思潮的领导人物，但1797年，他的思想还在酝酿培养中。

在这段文字里，他告诉姐姐在柏林一家实验室研究新兴学问——化学的弟弟卡尔来访，他们决定每周去沐浴几次，并解释“医生也都同意”，或许是因为如果没有医生背书，会显得轻佻浮华。他们家讲究如清教徒那般古板而严格的家风。

施莱尔马赫后来在他的神学著作中，一反严厉的家教传统，强调人是由灵与肉两个部分所组成，不该只把肉体当成救赎的障碍。在这封信中，他提到“快活的醒来”，既是性灵，也是肉体的愉悦。

在他穿衣时，可以闻到弟弟烟斗里烟草的味道，这是接下来他所有感官体验的开始。他们俩一起前往事先安排好的浴室，两人跃入“有点冷的水”，让他们“冷得发抖”，接着颤抖化为欢笑，他们兴致勃勃地体验在这人世间有滋有味活着的又一天。

他们“通体舒畅，开心无比”地回到家，身心都感到健康。早餐也十分特别，两兄弟享受一点点无伤大雅的快乐，略微地放纵自己。通常是牛奶，不错，但有时甚至喝巧克力！（洗过冷水澡后来杯热巧克力，再完美不过。）化学书本是他们快乐的部分原因，因为知识也值得品尝。

两年后，施莱尔马赫向波斯国王做复活节讲道，他想象人生的结束：“但最后一次的心跳并不是生命真正的结束；生命随着我们的性灵与肉体结合所激发的最后念头和情感而止息。”他和弟弟共处的那些早晨，让他对重生有了深刻的体会；每天早晨都是重新跃入生命本身的机会。

4. 雨后新霁

徐霞客
明朝文人旅行家
出自他的游记
天台山
1613年5月13日

四月初一日早雨。行十五里，路有岐，马首西向台山，天色渐霁。又十里，抵松门岭，山峻路滑，舍骑步行。自奉化来，虽越岭数重，皆循山麓；至此迂回临陟，俱在山脊。而雨后新霁，泉声山色，往复创变，翠丛中山鹃映发，令人攀历忘苦。

明朝文人徐霞客出身富裕，三十一岁时，他头一次来到如此人烟稀少的偏远山区，这里是佛国净土，禅院圣地。有些建于隋唐时代的古刹就在附近。

徐霞客带着几个仆人，还有一位和尚朋友，在早上冒雨出发。这是他们游历的第一天，一个湿漉漉的春日早晨。他的周遭奇峰高耸。他所推崇的道教祖师就是在此发现了天、地、水三官。

昨天还是个晴朗无云的日子，但今天却阴沉沉的，传说此地有老虎出没。想到这些大虫就在附近，实在叫人心惊胆战，据说上个月它们就曾伤人。整体来说这该是个叫人心焦而不安的早晨，但这群游客还是毅然决然出发了。

他们在雨中攀爬山坡，起先还骑在马上，但不久就得下马步行。渐渐地，天气变了。上山的路蜿蜒迂回，最后坡度终于不再那么陡斜，他们来到了山脊，无巧不巧，太阳就在此时露了脸。

突如其来地，山坡因为这些雨水而闪闪发光，原先雨中旅行的不适，如今化为徐霞客新生命第一天的神奇景观。平凡的俗世转变成崇高的景象，旅途的困难化为福祉。他绕过山路的弯处，一脚踏入截然不同的世界。

在这雨后初晴的日子，刚由青年步入壮年的男子见到万物清澄明净的轮廓。他正往第一个高峰出发，在第一线阳光露脸之后，展开美丽的一天，“泉声山色，往复创变，翠丛中山鹃映发”。

在这之前，徐霞客的人生并没有清晰的目标或明确的雄心。然而在这次的旅程之后，他展开其他的旅程，成为中国历史上伟大的旅行者和旅游作家。在他转过湿滑山路最后一个弯后，所感受到最初的快乐，足以让他踏上属于他自己的人生旅程。

5. 圣诞节的清新空气

亨利·怀特（Henry White）
牧师、业余科学家
汉普郡（Hampshire）费菲德（Fyfield）
1784年圣诞节

圣诞日，早晨阳光灿烂，树木洒上了美丽的白霜，这是自开始结霜以来，比以前都更严重的一次。没有什么风，但空气却无比清新。钟声响彻四面八方所有的村落。费菲德的礼拜。在开阔的田野和丘陵上骑乘十分愉快，树木上的冰霜鬼斧神工，使得提德沃斯（Tidworth）如诗如画。

1784年，英国一个小村庄费菲德的中年牧师亨利·怀特注意到天气有点怪异。自仲夏起，就有一股散发着臭气的浓雾。这个秋天也很奇特，浓雾非但没散，而且气温也降到他从未体会过的低，多年来他一直都记录当地的温度，所以有凭有据。

圣诞夜这叫人不安的怪异浓雾又笼罩当地，他在牧师住宅中记录道："日落时温度计降到20华氏度（约零下6摄氏度），白霜结得非常厚。恶臭的浓雾在日落之后四处弥漫。今晚又是非常厚的霜，温度计是10华氏度（约零下12摄氏度）。"

怀特所谓的"白霜"又冰又冷。他在日记中记载12月奇特的寒冷，也不断地提到这"白霜、臭气的浓雾"：讲究科学的他对这神秘的浓雾并不迷信，但它显然和夜晚的酷寒息息相关。

其实他记载的现象发生在整个欧洲，1783年至1784年间，冰岛一次大规模的火山爆发，使得硫黄味的烟云四散，在欧洲造成许多人死亡，接下来的几年庄稼歉收，这一切说不定也可归为造成1789年法国大革命的原因。这四处入侵的浓雾的确是规模庞大的威胁，即使在圣诞夜，也出现在英格兰的乡村里。

怀特和妻子伊丽莎白在这牧师住宅已经住了二十多年，老大已经上大学，幺儿则五岁。他们的家庭生活和工作都十分忙碌，要照料教区里贫苦的居民，但这恶臭的浓雾却像恶意的外力一样侵入他们的世界。

不过今天，圣诞节当日上午，他往屋外一看，却见到不同的景象。他暂停记录今日的气温，这会儿他不再是业余的科学家，而被空气里的某种东西唤醒。风已经止息，空气“无比清新”，就仿佛世界坚持要他注意一样。而他也注意到自己的存在。

在这一天里，一种十全十美的感受反复出现数次：钟声响彻四面八方，鬼斧神工的树木轮廓，而它们却也因冰霜而显得柔和。雾蒙蒙的白霜不是不祥之兆，而成为一种闪闪发光的美，覆盖在怀特熟悉的周遭景物细节之上。一看到这树木和篱笆，就忍不住想要碰触它们，感受这如霜的特质，而非平常那坚硬的表层。

这清新的早晨在所有的感官之外，更叫人体会到造物的神奇。浓雾已经消散，就连温度，在这英格兰的圣诞日，都回到符合时令的30华氏度（约零下1摄氏度）。

6. 灿烂阳光驱走了幽暗

帕特里克·肯尼(Patrick Kenny)
牧师
出自他的日记
美国德拉瓦州新堡(New Castle)
1826年5月9日

今晨，大约在天亮前一小时半，我眼前由东偏北的天空出现了神力最宏伟的展示，由东北到东南，爆发了难以言语形容的黄金色彩。这发光体愈接近，东方的地平线就愈像要投射出去或者倾泻出一片火海，它的波浪被来自西方的一片云朵承接，东方的景色有多么生动迷人，西方的云朵就有多么广阔而阴暗。正当太阳的圆盘在我们邻近的山顶上舞动之际，乌云也消散，化为轻快而持久的雨；这对干旱的田地是福祉，因为它使得我们的玉米庄稼生生不息。

帕特里克·肯尼在1804年夏天来到了德拉瓦州的威明顿（Wilmington）。生于都柏林的他1763年来到美国，担任传教士，也是此地一小群天主教民众的牧师。这里燥热的气候让他吃不消，他本想立刻就回爱尔兰，无奈所有回程的船位都已经满了，他迫不得已只好留下，并且很快就在宾州的西契斯特（West Chester）传道。他也经常往访许多较小的“宣道所”。1805年，他迁往德拉瓦州新堡白土溪（White Clay Creek）的一个农庄，这里属于耶稣会。他在农庄里一直待到1840年去世为止，并把农庄更名为“咖啡农庄”，而就是由这里的窗户，他欣赏了5月这天日出的美景。

他的日记虽然充满了同情和幽默，但也有牢骚，通常是抱怨他的腿疼痛。1826年4月，六十出头的他经常觉得自己年纪太大，尤其因为他常常得步行长远的路途，去拜访偏远地区的信众和个人。他知道几乎每一个人的烦恼，由牛群的走失，到家人的病患。

肯尼在这个5月早晨早起，并不是一时兴起。他有太多事要做，不能偷懒。不过当他探头朝窗户外一望，立刻就忘了自己早起的原因。眼前有漫长的一天等着他，除了农事，还有要拜访的信众，但此刻他光是望着太阳冉冉上升，就像是谁在他眼前画出来似的。

他的记录一开始颇为科学、精确，太阳并不是在正东升起，而是由东北往东南。他知道究竟需要多少时间，整个天空才会明亮起来，因为他已经习惯夜晚的这个时刻。光线的“黄金色彩”是早晨的最低限度，不过他的言语偶尔也宏伟而传统，比如“发光体”等词语。他这种对第一线曙光的喜爱，包含了个人的偏爱，因为再没有任何时间比这个临界时刻更能区分光明和黑暗。

他自己的言辞似乎也因太阳升起而得到了活力，“一片火海”“太阳的圆盘在我们邻近的山顶上舞动”。他爱水火之间的冲突，阳光和雨云争斗，要争夺全新一天的所有权。这很容易化为善恶的教条，但他努力抗拒这诱惑。

他必然伫立了一小时多，观赏太阳在山巅舞动，这观赏者的静寂和天空情景的戏剧变化互相辉映。他并未用言语说出他的快乐；就显现在他持续的注意之中。

最后雨开始落下，就像释出受限的压力一样，“乌云也消散，化为轻快而持久的雨”。

不旋踵，肯尼已经回到他漫长工作日的繁重事务之中，“昨晚奉威明顿约翰·福克斯太太之名要去拜访；她因肋膜炎而病倒。在我最不便的一周要去做最不便的拜访。上周日赴布兰迪万（Brandywine），今天要去威明顿，下周五再访威明顿，周五下午赴新堡，周六赴威明顿准备周日的聚会，周一去费城，回来之后再去西契斯特和回家。唯有上帝可以赐福，让我能一瘸一拐地走完”。但那黎明的一刻必然成为启发他一周灵感的烽火。

7. 赖在温暖床榻上的欲望

罗马皇帝马可·奥勒留（Marcus Aurelius）
出自他的《沉思录》
率罗马大军在中欧
写于170年至180年之间

天亮的时候，如果你睡眼惺忪，懒得起床，要做如下的反省思考：我得起来，去做生而为人义不容辞的工作。生来就该做的工作，来到世间就是为做这工作，那么我该不情不愿地去做吗？什么！难道我之所以为人，就是要高卧在被窝里享受，任我在床榻上取暖吗？——“但温暖的床铺既舒适又怡人”，你会这么说——难道你生来只是为了享乐吗？不是为了行动，不是为了发挥你自己的才华？难道你没看到树丛、麻雀、蚂蚁、蜘蛛和蜜蜂，全都汲汲营营，各自在它们的岗位上分工合作，为宇宙的系统生色？

难道唯独你拒绝执行生而为人的义务，不肯欣然接受大自然指派给你的工作？然而你申辩“一点休息和放松是必要的”。——不错，但大自然对这种放纵也设了限制，一如她限制我们的饮食一般。而你已经超越了适度的范围，跨过了足够的门槛。虽然我得承认，在公事上，你按你的心意行事，并且保持适度的限制。

马可·奥勒留在公元161年，也就是他四十岁那年，成为罗马皇帝。他用希腊文在他的哲思书中写下这些想法时，已经成为举世最有权力的人十年之久。他的帝国由北非至英格兰，由叙利亚至西班牙。有一段时间，他和弟弟共同治国，但现在他一人独自治理。公元180年，在他去世前十年间，他大半的时间都在中欧南征北讨，而不论人到哪里，他都带着自己的作品。

如今，一千八百多年后，帝国早已覆亡，昔日他所率大军走过的大路，如今已经被公路和火车铁轨取代。但他在晨昏时光所写下的文字却流传至今。

奥勒留以奉行禁欲主义闻名，他是一丝不苟，讲究道德的思想家。而他早起的建言的确也符合禁欲派和军事指挥官的原则。他们有工作要完成。在太阳照耀、经过战争蹂躏的土地上的许多时日，他必然有这样的想法，但在我们聆听这严厉而认真的声音之际，却可以听到其中所包含的人性——说这话的人深知再没有比“高卧在被窝里享受，任我在床榻上取暖”更舒服的事，床上的安适和温暖能让人有如此强烈的感官体验，是逃避眼前所有困难的安乐窝。传说他难以入睡，果真如此，那么清晨这昏昏欲睡的时刻就应该更能为他带来长久等待的安逸，让他更平静。

就像我们一样，他知道自己该起床；而且沉醉在整个罗马帝国最柔软的床榻上，他也应该更加能感受到“安乐窝”的愉悦。这心满意足的自己甚至如此回复道学先生起床尽义务的敦促——“但温暖的床铺既舒适又怡人”。

当然，很快地，他用辩证和逻辑警醒了自己。尽管一直有叛乱，但他统治大半的欧洲、北非和东方，历史上罕有比奥勒留更有权力的人，但如今我们依旧在乎他的话语，是因为他也懂得简单的快乐。

他对温暖的床铺和庞大军事王国的描述形成强烈反差，让人为快乐真正的来源而感动，在这快乐的一刻之后，这位奉行禁欲主义的皇帝才不得不继续向前。

8. 大教堂建筑群的冬日黎明

安娜·西沃德(Anna Seward)
作家
本文为她的诗
斯塔福德郡(Staffordshire)利奇菲尔德(Lichfield)
1782年12月19日

我爱起身，在迟缓光线闪烁之前，

冬日苍白的晨曦；温暖的火光照耀，

欢愉的烛芯映照室内，

我沉思的目光越过雾茫茫的窗户

在这里，环绕着昏暗的草地，白色的宏伟建筑，

封闭着百叶窗户，迷茫地越过昏暗凝视，

缓缓地后退；远处灰色的尖塔

由阴暗的堆栈中冒出，增加了高度

模模糊糊。接着裁决

向上帝感恩的思绪，在它们展现
给友谊、给缪斯之前，或者欢喜追寻
智慧的丰富扉页：哦，时光！比黄金更值钱，
借着它的福祉，我们增长了人生，摆脱
年岁阴沉的腐朽，度过老年！

安娜·西沃德的父亲是知名的牧师，他在1750年担任英格兰密德兰（Midlands）地区利奇菲尔德大教堂（Lichfield Cathedral）的高阶教士，当时她才八岁。他们被分派在大教堂建筑群中的主教宫（Bishop's Palace）居住，因为主教不想住在此地，而在主教之下的神职人员就是高阶教士。上面的诗句是西沃德在三十二年来所居住的卧室写就。即使她已迈入中年，这里依旧带给她许多的联想与记忆。她虽然有几次罗曼史，但从未结婚，不过却成为颇受敬重的诗人，也是如塞缪尔·约翰森（Samuel Johnson）等闻名遐迩作家的朋友。

在那个12月的早晨，她恰在破晓前醒来。圣诞节即将到来，她感受到新的一天即将展开的欣喜。“我爱起身”描述了这一刻，以及其他许多她愉悦想起的时刻。一如往常，火在炉栅中暖融融地燃烧，房里四处都点燃了蜡烛，仿佛她和这些“烛芯”共享着“欢愉”的情绪。窗格因寒冷而“雾茫茫”，接着她探头朝外望。教堂建筑群的轮廓——“白色的宏伟建筑”，才刚由黑暗中浮现。更远处，大教堂的三座尖塔正开始成形，因为它们“朦朦胧胧”，反而比在明亮白昼之中更叫人印象深刻。当然，她对此情此景了如指掌，只是其神秘奥妙永远不会过去。这一刻是虚与实、暗与明最接近的一刻，是她喜爱的刹那，每一个黎明都充满了无尽可能。

就像同代的其他诗人一样，西沃德也有文以载道的倾向，对正在培养文学声名以证明自己和男人一样是严肃作家的女性，这种理想尤其具有诱惑力。这首诗是十四行诗，是西方诗歌中最难的一种形式，从第九行开始诗歌分成两半，后半部分均是谈道德和宗教。但诗的前面部分没有限制。

对西沃德而言，再没有比相对的事物并存更快乐的时刻——温暖与寒冷，里与外，醒与梦。

12月的这个早晨，这世界再度遵守了与她的盟约，一如它为其他所有人类在美好的岁月中所做的一样。

第 2 辑

友谊

9. 携手读古籍

威廉·德·克莱尔（Willem de Clercq）
学生
出自他的日记
阿姆斯特丹
1813年

上周二我和克洛姆林（Crommelin）一起读维吉尔（Virgil）所著《埃涅阿斯记》（*Aeneid*）的第二卷，我要说，这个阅读经验让我无比欣喜。我们很有收获，虽然没有读太多，也未必对我们所读的内容完全了解，但维吉尔写得多美啊，在人生中能认识这么伟大的作者，是多么欢愉。

这位克洛姆林是我交情最久的老友之一，我很高兴能与他重续友谊。他在国外漫游了很长一段时间，现在终于回到故乡。他习得了许多知识，也是非常热情的文学之友。

1813年，十八岁的威廉·德·克莱尔住在父亲位于阿姆斯特丹的家。他们家虽非极其富有，但也可算小康。当时拿破仑在欧洲所向披靡，这位法国皇帝掌控了低地国家，虽然他入侵俄罗斯失利，但其政权依旧有势力。德·克莱尔刚开始写日记，他这个习惯后来终生未改。他的日记大部分都是用荷兰文写的，但在这段年轻的时光，他用法文写日记。

他活力充沛，行事认真，而且专心致志。后来他成为数一数二的诗人、宗教思想家，也是荷兰纺织业的创始人。不过在写作本文之时，他记录的却是一个平常的星期二，两名年轻人坐在一起，打开一本用拉丁文写的巨著，德·克莱尔知道这本书被视为欧洲文学的经典作品。

或许由于当时是法兰西帝国，因此使他想读原始欧洲帝国——古代罗马创始的传奇。维吉尔在1世纪的史诗里描述了特洛伊城陷落之后，英雄埃涅阿斯（Aeneas）率众来到未来帝国之都，成为罗马开国君主的故事。

德·克莱尔的朋友克洛姆林和他年龄差不多，不过他对世事更有经验。“他在国外漫游了很长一段时间”，这些年来他们失去联系，如今德·克莱尔很高兴能重续故旧情谊。朋友对世界所知之丰富让他印象深刻，不过他之所以快乐，最重要的是因为他们共同享有阅读的热情。当他们坐在一起，翻阅书页，努力想要了解那些拉丁文句之时，两人受到同样的热情驱动，这是真正共同交流的一天。

他们的拉丁文可能还有点力有未逮，不能完全了解书中所写的一切，但他们却尽力读下去。这不是机械化的翻译习题，即使他们不能掌握全部的内容，却有足够的了解，能够明白“维吉尔写得多美”，并且有真正的文学体验，“在人生中能认识这么伟大的作者，是多么欢愉”。

这的确是三方面友谊汇聚的时刻，因为在两名年轻人之外，在精神上还有第三个同伴加入——诗人维吉尔本人，他就像与他们同在似的。这两个朋友觉得他们已经有了古欧洲文明的精英陪伴。

他们俩也花时间聊起各自的生活。德·克莱尔很渴望知道朋友的旅行见闻，当他听说克洛姆林的父亲对他的生活做了很大的限制时，不由得义愤填膺，“他的父亲是个固执己见的人，从不容许他的儿子去看戏或打牌。多么荒唐幼稚！”

这一切一起组成友谊的这一刻——古老的故事，同窗的情谊，和关于他们生活的闲聊。在拿破仑的欧洲已经成为强弩之末时，两名年轻人共度了一个快乐的星期二。

10. 攀上山坡顶

鸭长明（かものちょうめい）
歌人，曾任职宫廷
出自他的随笔
日本日野山脚下
1212年

山麓上有一间柴庵，这是守山人的住处，有个小童与他同住（守山人之子），不时会来访。闲来无事，我就与他结伴同游。他十六岁而我六十；虽然我们年龄悬殊，却能同乐。有时我们拔茅花，有时我们摘岩梨，或者摘取山芋、采野芹。有时我们到山脚、下田拾取落穗，编结成捆。

在风和日丽的日子里，我们攀上山峰，眺望故乡的天空，可以见到木幡山、伏见里、鸟羽、羽束师等处。胜地无主，可以让我们得以随心所欲地饱览美景……在归途，随四季变换，或采樱花，或拣红叶，或折蕨菜，或拾山果；有些用来供佛，有些则带回家。

1212年，鸭长明独居在山间自建的草庵里，写下这段文章。他曾是日本宫廷知名的歌人，但在八年前看破红尘出家，结庐隐居。

这段文字出自他的《方丈记》（“方丈”，指一丈四方的草庵），文中其他的段落详述了“方丈”的细节，比如东边生着茂盛的蕨菜，北边则有小花园，以矮灌木为篱，草庵与大自然融为一体。

鸭长明独居之处一切都安排得十分妥帖。这里设有小神龛，位置恰到好处，夕阳余晖得以映照。他有数箱书本，大自然的音乐时时相伴，并有琴和琵琶，窗户前则设书桌，整整齐齐，虽然可能孤寂。

他和守山人结交，恐怕只有远离宫廷和首都精细分层的社会，才有可能让不同的社会阶级建立这样轻松自在的关系。在这里，不同地位的人自由自在地交谈。

更叫人惊讶的，是他承认自己和守山人之子的相伴情谊——“他十六岁而我六十；虽然我们年龄悬殊，却能同乐”。这种毫无拘束的友谊，建立在品味和性情自然而然的共同倾向上，和他在宫廷里经历严格刻板的分野截然不同。

这位宫廷前臣和乡野小童一起在乡间徜徉，分享简朴的野趣。他们不分高低，漫游田野山林，搜寻红叶山果等小东西。

他们俩共度了许多快乐时光，最美好的是当他们“攀上山峰”，老人放眼四方。他在这位小朋友身边，由这制高点看到了自己过去的居处——一度曾如此重要，“眺望故乡的天空，可以见到木幡山、伏见里、鸟羽、羽束师等处”。他已拒绝天皇要他重任宫廷歌人的要求，不想再回到有财有势、雄心勃勃而洋洋自得的人群之中。在这逍遥自在的高处景观之中，他得以享受悠然的一刻——与他的小朋友一起，无须任何人的许可。

11. 闲话和欢笑不断的早餐

乔治·卡特勒（George Cutler）
法律学生
出自他的日记
康涅狄格州利奇菲尔德
1820年11月29日

明月当空，皎洁映照着白雪上的倒影。我吃过早餐，我的马儿奈特也活力满满。乡下的公鸡在我们周遭啼叫，宛如音乐，流星则在天空上朝四方喷射，就像放烟花一样，让我们开心。万籁俱寂。正当我们骑上山坡，回顾远方，朝山谷直下东南处，雪与月光融合在一起的光明，和光线无法渗透的深谷幽暗，这对照的两极填满了整个景象，教我不由得时时停步，欣赏这虽冷冽却明亮的美，并且感受这一幕景观的壮丽。

我发现乔治已经起身，虽然原本我拐过转角去窥看他的窗户时，并没有料到他醒得这么早。在深夜的这个时分，我没料到竟会看到灯光——我直奔上楼，把门推开寸许，问吉布斯先生是否住在这里。接着我们高声欢笑，吵到了邻居。里屋的钱伯斯先生问来者究竟是谁，他听到答案之后说："就料到是他。"在那里吃了早餐，并且一直说闲话，直到我觉得说得太多了……

等我掉头回家，才觉得穿了三条裤子、两双长袜、两件衬衫和两件大外套有多么不便。

现在我觉得骑马出门这一趟太美好，没得抱怨。

乔治·卡特勒1816年由耶鲁大学毕业后，跟着塔平·里夫（Tapping Reeve）法官研习法律。这是全美第一个正式的法学院课程，而卡特勒也在1821年获许加入美国律师协会。在这段时间，他有许多朋友也修习同样的课程。附近还有一家女子学院，因此利奇菲尔德处处都是像卡特勒和朋友兼同学乔治·吉布斯（George Gibbs）之类的年轻人。而在这个寒冷的11月早晨，他就是和吉布斯一起共进美好的早餐。

卡特勒喜爱利奇菲尔德，他喜欢这里的人和环境，在他(同一年的)另一则日记里记载着:“8月18日(夜)，这里的谭美芝小姐实在优雅；纽黑文(New Haven，位于康州，耶鲁大学所在城市)没有这样的女子。利奇菲尔德的确是美人荟萃之地，山里的空气赋予她们健康的面容。”到9月底，他已经宣誓就职，担任律师，在这段时日中，他颇有成就。

11月底这个早晨是让他锁定快乐的特殊时刻。他出发之时心情极好，一大早就吃了早餐，他的马也同样神采奕奕。他觉得大自然仿佛准备要做精彩的表演，因为流星、月光，和他周遭喔喔啼的公鸡都奏出美妙的音乐。

不过他见到朋友后更加快乐。他抵达吉布斯的住处，非常惊讶地发现他房里的灯亮着。他迫不及待“直奔上楼”，并且开玩笑的找“吉布斯先生”，他们俩洪亮的笑声在静谧中十分响亮，这感觉十分美好。他们也因为吵到内室里的人而忍俊不禁。这个黎明就仿佛属于他们俩似的，卡特勒吃了第二顿早餐，这回两人说了一大堆闲话，聊个不停。

这一刻之所以独特，是因为他在来的路上夜空所映照的“壮丽”景象，正因为他独自体验了浩瀚无垠的宇宙，使他更欣赏友谊的温馨。在这里，在这出租公寓，早餐是朋友相聚的欢乐时光。

12. 逍遥自在通宵跳舞

罗伯特·彭斯（Robert Burns）
诗人、农民
出自他写给朋友的信
苏格兰高地
1787年6月30日

归途中，我们在高地一位热情好客的绅士的府邸，加入了一群欢乐的人们，跳舞跳到大约凌晨三时许，女士纷纷离去。我们的舞蹈并非法国或英国那种枯燥乏味的正式舞步，女士们断断续续像天使一般唱起苏格兰的歌曲；接着我们随着巴布提·波斯特（Bab at the bowster）、特洛契戈蓝（Tullochgorum）和艾洛克湖畔（Loch Erroch side）等类型的高地舞步飞舞，如聚在太阳下的蚊蚋，又像预告暴风雨的乌鸦群般……在亲爱的女士们离席之后，大家开怀畅饮，直喝到早晨六时，只有几分钟例外——我们来到户外，对着越过班洛蒙德山高峰的灿烂白昼之灯致敬。我们全都跪了下来；我们所敬重的房东之子捧着酒碗，每个人手上都拿着满满一杯酒；而我以牧师之姿，重复胡诌了几句押韵的文字，像游吟诗人托马斯的预言诗。

罗伯特·彭斯如今被视为苏格兰国家诗人，在他写这封信给朋友詹姆斯·史密斯（James Smith）的时候，年方二十八岁，信的内容谈的是他在苏格兰高地旷野的一个夏日。当时彭斯已经出版了第一本诗集，声名大噪，由困苦的农民变成脍炙人口的名人。他在爱丁堡受到盛情款待，不过这时他逃离该处，来到乡间。

彭斯热爱他在高地的夏日游历，在另一封信中，他向朋友描述高地是“未开化的溪流倾覆在未开化的山上，疏疏落落铺盖着未开化的羊群”。在这段无拘无束的美好夏日里，6月30日是最愉快的一个夜晚。

当晚有两大社交活动。第一，男男女女一起跳舞，直到凌晨三点“女士们断断续续像天使一般唱起苏格兰的歌曲；接着我们随着巴布提·波斯特、特洛契戈蓝和艾洛克湖畔等类型的舞步飞舞”。这些都是他自己也会拉的小提琴旋律，他们跳着通俗的舞步。他们从小就听这些熟悉的旋律长大，这些是乡村生活的歌曲和音调，他很高兴大家可以共享这些音乐。

在欢愉的巅峰，彭斯突然有了幻觉，仿佛由远方回顾一样，他看到大家像空气中的蜉蝣一般动作，“如聚在太阳下的蚊蚋”。

这景象只让他觉得有趣。而在跳舞之后，接下来登场的另一个快乐活动，说不定使他更开心。女士离席去安歇之后，男人继续把酒言欢，直到早上六点。他们看到天空的光亮，一起到户外去迎接黎明。大家都跪下来，房东的儿子捧着举行仪式的碗，而彭斯“以牧师之姿”，吟诵一些荒诞诗歌，迎接新的一天。这固然有趣，却也意味着更深一层的快乐。他体验到纯粹活着的快乐，和朋友一起在高地上活着，看见新的一天“越过班洛蒙德山高峰”。

在同一封信中，他也承认还不能确定自己在这世上要走的路，因为他“对人生中的要务还无定性。一如往常，我依旧是个爱押韵、造石、耙土、漫无目标，游手好闲的家伙”。对于自己究竟是否想要文学盛名为他带来的人生，他心中还有疑问。

但在这个晚上，他暂时摆脱这些疑惑的纠缠。朋友的陪伴让他摆脱了心中的挣扎。

13. 期待一位绅士来访

玛丽·罗素·米特福德(Mary Russell Mitford)
作家
出自她写给朋友的信
伯克郡(Berkshire)雷丁(Reading)
1814年4月5日

我亲爱的威廉(艾弗德)爵士，你一定已经猜到，我提到自以为是的希望，或者说是自以为是的心愿(不敢想象实现的希望有多大)，我这么冒失地期待……你能大驾光临。

不过我猜想，你应该喜欢取悦他人——让人快乐，自己也会幸福；虽然我们家缺少温室植物(而且我们的温室真是蔬菜的墓地，只剩一堆残枝败柳)，但你可以欣赏西洋樱草和五叶银莲花；虽然没有俊男美女，但你会亲切地欣赏我请来迎接你的一整群夜莺。而最后，除非极端不便（而且，虽然你可能会觉得我不近情理，但我并没有不可理喻到妄想你会来），你会让你可怜的小胖友人得享见到你的快乐。

玛丽·罗素·米特福德与双亲同住在英格兰雷丁城外缘，他们有一栋豪宅，是由她当医生的父亲建造的，而他之所以能建此宅邸，则是靠着女儿玛丽十岁时所挑的一张彩票中奖之故。出身贵族的他是个出手阔绰的赌徒，虽然曾经中大彩，但就像先前一样，他的家产依旧慢慢被败光了，因此她如今才只剩下破败的温室。

米特福德是个适应力很强的女子，年近三十的她已经是颇负盛名的诗人，几年后，她也会成为极成功的小说家，在其他一切的努力都失败之后，还能借此维持父母的生活。和她通信的威廉·艾弗德爵士（Sir William Elford）是位绅士艺术家，两人结为好友，他们通信频繁密切。他已婚，有两个孩子，而他与米特福德的友谊虽亲密，却并未涉及男女私情。

这封信一开头就表达希望他能往访的谦卑愿望，因为当时她无法动身前往巴斯（Bath）去见他。她信如其人，仿佛她在开口说话似的。尤其她提到快乐，她恭维威廉爵士总是把快乐带给别人的品德，换言之，他会很乐意让她高兴。她提出这个美丽含蓄的请求，请他陪伴。这也意味着即使只是想象他大驾光临，就足以让她感到蓬荜生辉。她自谦是他的“小胖友人”逗他一乐，“胖”是她偶尔自我挖苦之词。

她的幽默也点燃了周遭的世界，那破败的温室在她笔下变成“真是蔬菜的墓地”，成了值得一观的景致。接下来她用友人来访时的眼光来看世界，因此对自己的家和她的生活感觉更快乐一点。虽然温室荒废不足一观，但却有“西洋樱草和五叶银莲花”的自然之美。这里虽然不是巴斯的社交场合，有像简·奥斯汀舞会那般“俊男美女”的世界，但她可以召唤来“一整群夜莺”，这在她想象中，是能用来欢迎贵客的“伴侣”。

在米特福德的脑海里，在她写信的当下，夜莺就已经开始歌唱。等他来到将会是另一个快乐时刻。但眼前，光是想象，就足以让她快乐了。

14. 天南地北闲聊天的快乐

莎拉·康奈尔(Sarah Connell)
女学生
出自她的日记
马萨诸塞州安多弗(Andover)
1808年1月10日

9日(周六)……下午爸爸和我乘雪橇赴安多弗……我们在希尔酒馆待了一下，大约五点抵达(安多弗)欧斯古德阿姨家。哈里奥特和她妈妈(欧斯古德太太)殷勤地招待我们……我有好多要听、要说，因此直到深夜才安歇。

10日(周日)，今天一整天都没有贵格会(Quaker assembly)聚会。晚上……爸爸、哈里奥特和我到基特瑞吉医生家去。爸爸答应下周三在格洛斯特(Gloucester)与他们会面。和哈里奥特亲密地聊了好久。我们围着熊熊炉火坐着，气氛美好，欢乐的微笑洋溢在我们四周。愿家园和乐的天使庇荫我们的居处。

莎拉写下这次愉快的回访记录时，年方十六。她要去看先前在安多弗上学的同学，因为她在六个月前离开学校，回到马萨诸塞州纽伯里波特（Newburyport）的家。她和父亲——船长兼商人乔治·康奈尔（George Connell）一起出门，最开心的是见到了她的表妹和密友哈里奥特·欧斯古德（Harriot Osgood）。她上学那时和哈里奥特在欧斯古德家同住一房。基特瑞吉一家（The Kittredges）舒适的大房子就在附近，莎拉也在那里度过了许多美好时光。玛丽亚·基特瑞吉（Maria Kittredge）则是她另一个同学兼好友。

当初莎拉要搬回纽伯里波特时，是她年轻人生中最悲哀的一刻，“离开欧斯古德阿姨快乐的住所，的确让我感到痛苦。我与亲爱朋友分离的那个时刻永远难由我心头抹灭”。她早就料到自己会想念哈里奥特，“我舍不得向学校告别，长久以来我都是其中的一分子。我忙碌的想象力已经可以预见心爱的哈里奥特和我愉快地朝学院走去，我们手上都拿着书，一心一意要好好吟诵，但我们不可能再一起踏着文学的路径了”。

直到六个月前，她和哈里奥特每天同进同出，经常夜深不寐，无话不谈。如今她来访，旧谊还在。两个年轻女郎重拾当年情谊，“爸爸、哈里奥特和我到基特瑞吉医生家去”。终于，她和哈里奥特能“亲密地聊了好久”。

她们俩之间并没有生疏，并没有像她所担心的那样会有隔阂。十全十美的闲聊，举世最轻松的活动，是徐缓而自在的陪伴，而不是急匆匆地把事办完了结。光是聚在一起，就是这特殊场合的重点。

莎拉明白自己为什么觉得如此开心。因为在这里，“气氛美好，欢乐的微笑……”这是人真正的情谊，再加上背景中炉火“噼啪”作响。

这一刻有值得深思之处，因为这个年轻人明白了快乐的秘诀唾手可得，只是因为太平常，而往往为人所忽略。

15. 便餐聚会

贺拉斯（Horace）
诗人、哲学家
出自他写给朋友的信
罗马城外
约公元前20年9月22日

若你肯屈尊俯就，

我的朋友托夸图斯，并且不嫌弃

家常便饭，色拉招待：

先生，我就准备盛宴，邀请朋友，

并恳请你今晚与我共餐。

我的酒来自明特尼安的葡萄，

是托勒斯执政之时所酿，普通的酒；

若你有更好的佳酿，大可送来；

不然就用我这主人提供的使你满意。

我的仆人已经打扫整理了每个房间，
我的盘子也为欢迎你驾临而清洁：
克制你过度的希望，以及为利益而辛劳，
还有莫斯契斯的事务，一切都属徒劳。
明天就是西泽的生日，放下烦忧，享受到夜半。
接着我们可以睡到正午，欢欢喜喜
聊天，度过漫长夏夜。

两千年前，罗马诗人贺拉斯用韵文写下这封信，邀他的朋友——知名律师曼留斯·托夸图斯（Manlius Torquatus）到他位于罗马城外的农庄便饭。已入中年的贺拉斯是闻名遐迩的诗人，他的赞助人梅塞纳斯（Maecenas）是罗马皇帝奥古斯都（即诗中的西泽）的谋臣。贺拉斯出身卑微，父亲原是奴隶，后来自行赎身，并供养儿子接受教育，为他奠定了作家生涯的基础。贺拉斯写了几本诗集，在宫中大受赞誉，这农庄是梅塞纳斯（他的名字已经成为艺术守护者的同义词)为酬谢他而赐予他的礼物。

托夸图斯和当晚其他的宾客一样，是罗马贵族。贺拉斯邀请他“屈尊俯就”，这场合依旧是非请莫入，并且精心安排，但却不如他们平常的宴会那般华美。葡萄酒仅属“普通”，并无陈年佳酿。“明特尼安”是罗马日常酒的品牌，大约是六年前收成，当时还是托勒斯执政。如果托夸图斯要喝更好的酒，就得自己带来。

贺拉斯以自己的方式安排符合他理想的完美夜晚。一切虽然简单，但却整齐清洁。食物(沙拉)虽不是山珍海味，滋味却不错，并且有板有眼，这将是真正宾主尽欢的聚会。

这场合的名目是为了庆祝奥古斯都生日。次日是罗马的假日，因此不必为了工作起床。诗人建议他的朋友，把俗务留在金融机构和法院里(托夸图斯曾为一个被控下毒的人莫斯契斯辩护)，现在该把握时间好好享受。

接着他勾勒出一幅真正快乐的图景。由于

他们次晨可以睡到日上三竿，因此今晚可以“放下忧虑”，摆脱日常的牵挂。他们可以秉烛夜谈（欢欢喜喜聊天），直到夜半。在贺拉斯看来，能够邀朋友参加这样的场合已经使他感到快乐，信的本身就有一股温馨的满足感。光是家常便饭和与朋友尽情倾谈这样的邀请，对他而言已经是人世间欢乐的极致。

16. 自由自在的钢琴音乐会

罗伯特·舒曼（Robert Schumann）
学生，后来成为作曲家
出自他写给朋友的信
德国茨维考（Zwickau）
1827年12月1日

上周六我和沃尔特与雷舍到施内伯格（Schneeberg，萨克森邦的一个山城）。周日大约四点时，我们动身回来，结果碰到最糟糕的天气。雪积到一码（约91厘米）深，又没有人踩出来的路迹可循；我们一个个都掉进路边的水沟，因为它和路根本无法分辨。等到冻得发抖的我们抵达哈斯洛（Haslau，在茨维考城外），当然全都先吃了烤猪肉和腌黄瓜。

我们还剩一点钱，所以各自点了一大杯掺水的烈酒；接着大家兴奋起来，三人把酒言欢，还唱学生唱的歌。满室都是农民……最后沃尔特告诉他们我很会弹钢琴——简而言之，我们度过了音乐戏剧的夜晚。我用“弗瑞多林”（Fridolin）的调子即兴演奏，那些乡下人看着我的手疯狂地在琴键上舞动，不由得目瞪口呆。演奏完之后，大家跳了一小曲欢乐的舞步，我们用不寻常的方式让农村少女旋转……一行人在十二点之后才回到茨维考，还头昏脑涨东倒西歪。这的确是最欢乐的夜晚，值得一绘！

浪漫派大师舒曼于1810年出生在萨克森邦的茨维考。1827年，他还在茨维考高中读书。他父亲发现他有音乐方面的才华，也鼓励他，但次年他离开学校之后，却赴莱比锡去学习法律。不过他在学校的朋友对他在演奏钢琴上的造诣十分得意，而光是他们对他才华的欣赏，就已经对他日后成为音乐家有所影响。

他和两位这样的朋友沃尔特与雷舍趁着周末一起步行到茨维考南方的施内伯格，但在周日晚上回家的路上，天气变坏了，他们陷身雪中。他们挣扎向前，走到茨维考城外哈斯洛地方的一间酒馆时，全身又湿又冷。他们先吃了美味的一餐，恢复体力之后，发现还有余钱可以喝杯掺水的烈酒。要不了多久，他们就欢天喜地、兴致勃勃唱起学生的歌曲。在他们对音乐的共同喜好中，自然而然地流露了彼此的友谊。

酒馆里“都是农民”，显然这是当地人喜欢来的地方。舒曼的朋友沃尔特忍不住告诉大家他的友人“很会弹钢琴”。这个年轻人将来会以作曲家和演奏家的身份，穿梭在欧洲各个宏伟的音乐厅。沃尔特为他的朋友骄傲，而这种情感也是他们对人生和音乐自然的共同喜好造就的。

舒曼在酒馆的钢琴前坐下，他想到一首大家耳熟能详的曲子，“用‘弗瑞多林’的调子即兴演奏”。他的手指头改变了旋律。显然是倒着弹，或快，或慢，变换着各种花样。其他的客人“不由得目瞪口呆”，在学校和家这两个严格的世界之外，他感到自己找到了真正的听众。他花了一个周末和朋友出游，才登上这无拘无束和自我表现之岛。

在令人惊异的表演结束之后，他又恢复学生身份，三个好同学在寒冬晚上，一起在温暖的酒馆里享受。他也和女孩跳舞，应该是随着当地人所奏的音乐。友谊给了他信心，让他探索自己的天赋，也令他仿佛再度回到单纯的少年时光。他们来时又冷又累，却很晚才动身回茨维考，因为他们一起度过了“最欢乐的夜晚”。

第3辑

花园

17. 归去来兮

陶渊明
诗人，辞官归隐故乡
出自他的《归去来兮辞》
浔阳（今江西九江）
约405年（东晋）

归去来兮，田园将芜胡不归！既自以心为形役，奚惆怅而独悲？悟已往之不谏，知来者之可追。实迷途其未远，觉今是而昨非。舟遥遥以轻飏，风飘飘而吹衣。问征夫以前路，恨晨光之熹微。

乃瞻衡宇，载欣载奔。僮仆欢迎，稚子候门。三径就荒，松菊犹存。携幼入室，有酒盈樽。引壶觞以自酌，眄庭柯以怡颜。倚南窗以寄傲，审容膝之易安。园日涉以成趣，门虽设而常关。策扶老以流憩，时矫首而遐观。云无心以出岫，鸟倦飞而知还。景翳翳以将入，抚孤松而盘桓。

陶渊明决心辞仕归田，返抵故土时，年四十岁，之后二十多年，在故乡终老。他并非普通的官僚，而是知名的诗人，一生淡泊，诗文备受世人喜爱。前文记录了他归隐山林的时刻，流露出他适性纯真的独特风格。

陶渊明家世显赫，只是那是他父祖辈的时候，到他这一代，家道已经中落。他退居简朴破败的家，在文章一开始，他就叹息田园将芜，野草遍地。

可是他的心情很快就开朗起来，他乘的船马上就要到家，清风徐徐，他感觉到清新的早晨即将来到。他回到故居，全家都飞奔出来迎接。看到孩子时，他心头不禁一阵温暖，恢复了活力。

他的花园果真已经荒芜，只有老松和菊花还活着，他感到自己的孩子和这些植物一样，在这安全而偏僻的家园成长，远离宫廷和官场的腐败。

这返家的隐士嚷着要喝酒，接着纳入眼帘的是花园的景观，他打量细节，比如看着他最喜爱的树枝，露出了愉快的表情。

最后那适意的一刻终于来到，他在园子里散步，在他喜爱的地方流连，他自在悠闲地徜徉在这私人的避风港里，直到太阳西下。

未来的日子恐怕会很艰难。陶渊明知道他已经远离了仕宦的财富和舒适，即使是在城里当个小官都比在这小乡村耕农轻松，但这并不会搅扰他心灵中因这庭园而带来的平静。

在度过归来的兴奋之后，他独坐在孤松之下，园里的树枝、气味和声音仿佛都在欢迎他。

18. 一丝春意

托马斯·格雷（Thomas Gray）
诗人、学者
出自他的日记
英国剑桥郡
1755年3月10日

西南风，清新。阳光和暖，整日都是朦胧薄雾，直到黄昏。丁香花盛开。鹅莓和接骨木也冒出叶芽。杏子花苞初绽，小蛱蝶露了脸。獐耳细辛花朵盛放，第一批紫罗兰盛开，还有单瓣水仙和波斯鸢尾。

托马斯·格雷独居在剑桥大学彼得学院（Peterhouse Cambridge）。他生性腼腆，年近四十，诗作逐渐扬名，尤其发表了《作于乡村教堂墓园的哀歌》（*Elegy Written in a Country*

Churchyard）后，这首反省生命短暂的美丽诗歌传诵一时。他是拉丁和希腊文的学者，大半的时间都花在阅读上。他爱彼得学院的花园，对它了如指掌。

这一年冬天以来天气都很寒冷，不过在3月初的这一天，他发现风舒服地由西南方吹来，万物都很美好。空气起了变化，景观和感受都和以往不同，最凛冽的寒冬已经过去了。事物的线条和棱角变得柔和了，“整日都是朦胧薄雾，直到黄昏”。春天的气息让自己最喜爱花园中的一日，成了一段持续的快乐时光。

“丁香花盛开。鹅莓和接骨木也冒出叶芽”。这些植物并不只是植物而已，对格雷而言，它们充满了蓬勃生气，紫色的丁香花就在他眼前这温暖的春日绽放，树木也在他面前伸出枝叶。就在此时，杏子展露了花苞，这个日子是温和的重生之日。

每一刻都带来新的礼物，“小蛱蝶露了脸”。

小小的神奇就仿佛经魔法召唤而显现，园中一朵花复苏——“单瓣水仙”。而在同时，“獐耳细辛花朵盛放”，这是一种小型的多年生草本植物，在寒冬之末绽开，仿佛承诺一切美好都会很快来到。它们即将结束开花的周期，但其他植物才刚刚开始。他在这迷你的天然世界中，看到光阴本身的复杂奥妙，永远在达到最高峰之后重生。

在3月10日剑桥的这个花园中，格雷认为每一片叶子和每一朵花都是一个独特而独立的创造物，没有一般性的分类。“丁香花”现在只指这几朵淡紫色的花，而“蛱蝶”也只是表明一种会舞动的颜色斑点。在温暖的阳光里，文字本身也正在重生。在他的幸福之中，英文仿佛就是为了描述这一天而存在。

他对小蛱蝶的喜爱一方面是出于对自然的爱好，另一方面也是对这稍纵即逝的片刻欣赏。他对眼前这世界的热情配上了客观的敏锐观察。他想要详细地记下此情此景，仿佛是为永恒做记录——不论是为他或他人，它永远不可能再一模一样如这个三月天一般重现。

一年后，格雷转往剑桥的另一个彭布罗克（Pembroke）学院，因此这是他最后一次在这个他深深喜爱的学院花园里度过的春天。这温暖的春日是最后一年终曲的可爱开始。

19. 繁花似锦

玛丽·道森-戴默（Mary Dawson-Damer）
贵族旅行家
出自她的日记
开罗
1841年12月31日

我们绕路赴阿木拉斯（Amurath）清真寺，接着回到旅馆，却看到几辆外观千奇百怪的英式马车，正等着要载我们去大约1里格（league，约5.6公里）之遥的舒伯拉（Schoubra）花园。我们穿过种满美丽相思树的大道，在这个季节里，这树体积庞大，为我们提供怡人的遮阴，避开了强光和尘土。相思树荚大约酸豆大小。我从没看过足以与舒伯拉花园之美相比拟的景象，简直就像《一千零一夜》里描述的那样。它是按着原创希腊式花园计划兴建：直排，但植物茂密，覆盖3

平方英里（约7.77平方公里）的面积。连绵不断，而且彼此相触。在它们下方，盛开的天竺葵矮篱五彩缤纷。整个花园似乎才刚浇过水，散放出最清新但却不致醺人的芬芳。

我们精神一振，陶醉其间，忍不住发出阵阵惊呼：“哦，多美！——喔，多迷人！”虽然我抵达花园时疲惫已极，却因如此芳香的空气而恢复了精神。

玛丽·道森-戴默与夫婿乔治是英格兰的一对中年贵族夫妻，他们正在希腊、土耳其、埃及和巴勒斯坦旅游。乔治是英国政府内阁部长，玛丽的父亲是海军大臣，也是知名的海员。道森-戴默夫妇在伦敦过着大都会的生活。

她知道“舒伯拉花园”是观光胜地。后来当上英国首相的小说家本杰明·迪斯雷利（Benjamin Disraeli）1830年曾经往访，并记录了他对复兴这花园的穆罕默德·阿里（Muhammad Ali）所留下的好印象。阿里建立了19世纪埃及的王朝，直到

1952年才告终，这花园也是他宫殿的所在地。

这对夫妇如常坐进了等候他们的马车，去看另一个风景。一路上的印象就很不错：林荫大道让他们免于“强光和尘土”。然而玛丽却对接下来花园本身的优美风景喜出望外，“我从没看过足以与舒伯拉花园之美相比拟的景象”。她仿佛进入了神秘的领域，就像《一千零一夜》里的景象。

一开始，她就为它的面积而感到吃惊，3平方英里的大小树木和花朵。在规模这么大、精心规划的庭园中，她很欣赏开敞、“直排”的栽种方式。这是她称为“希腊式”的古典秩序，虽然她所游览的这个景物其实是“几何视觉”的起源，因为毕达哥拉斯的一些主要观念就是源自埃及。一波又一波的“柠檬、柳橙、桃金娘和石榴”，各有不同的颜色和气味“彼此相触”，就连树下的空间都种了“五彩缤纷”的天竺葵。

然而就连这样的丰富繁茂，都还不完全是

玛丽在舒伯拉花园感到无比快乐的原因。整个园子似乎才刚浇完水，在风尘仆仆、热气蒸腾之后，她感受到雾蒙蒙的云朵，周围形形色色植物的香气——这是甜美的升华。她的快乐既是身体的感受也是灵魂的触动，因为她正吞吐吸纳着这花园的精华。

20. 皇宫内破晓前

紫式部（むらさきしきぶ）
作家、宫廷女官
出自她的日记
日本京都
约1008至1010年间

池塘边的每一株树顶，溪畔的每一簇小草，都展现了各自的色泽，在这迷人的天光中更显诱惑。更令人感动的是僧侣不断念诵佛经，迎着逐渐凉爽的微风，与彻夜潺潺不停的水流相融……

夜未央，云掩月，树下暗影幢幢，得闻人声：“拉开格子窗吧？”“但宫女还没起身！”“来人！开格子窗！”突然之间，五坛修法的钟声响起，破晓前的仪式开始了。僧侣高昂的诵经声远近可闻。闻者诚感其贵。

观音院的住持率领二十僧人由东厢房行来，前来祈求佛法护持。众僧踏在桥板上的足音，更添别样的气氛。法住寺的座主僧起身返回马场大殿，净土寺的座主僧起身返回文殿。两位高僧身着一色的法衣，行过院中优美的拱桥，款款步履翩翩身影在树影中时隐时现。多么教人感动的景象……宫中男女聚集，天色终于破晓。

我探看门外薄雾，朝露依旧凝结在树叶上。

宫廷女官紫式部并未留下真名，她在11世纪初的日本宫廷中写下了家喻户晓的《源氏物语》，在京都的皇宫中传诵一时。她的家族和当时权倾一时的藤原家族有远亲关系，藤原家族的核心人物藤原道长是整个帝国真正的权力中心，不过她却只处在权力的边缘，在仅供女官居住的内宫活动。不知真名为何的紫式部之所以得名，是因《源氏物语》中的人物之一紫之上形象鲜活，故名“紫”，“式部”是她父亲在宫廷的官职。这篇日记大约写于1010年，年近四十的她已孀居，育有一女，对中宫忠心耿耿，只是在钩心斗角的宫廷之内，中宫也并不安全。

一天深夜，她正望着宫廷花园，树影幢幢显得陌生，在暗淡的夜空下可以看到一些美丽物品的轮廓，就连丛生的草都是水边簇簇的暗色。御花园既美丽又神圣，许多寺院散落其中，小桥跨过溪流和池塘。

接着紫式部听到僧侣诵经和潺潺水声合为一体，在这神秘的夜晚深处召唤。世俗的呼喊并没有驱散夜晚的魔力，新一天开始的仪式已经在夜幕遮掩之下开始准备。钟声响了，驱邪避凶的五坛修法开始了，这仪式是黎明的前奏曲。

这些是规则和惯例，但对正在聆听的女官，钟声、人声和水声创造了“诚感其贵”的一刻。她仿佛头一回似的，听到僧侣过桥时踩在桥板上的脚步声，每一个声音都很独特，她也看到其他僧人跨桥而过，并且沿着小径前行。早晨已经徐徐进入花园之间。

在日夜交错之际，她拥有另一纯美的时刻，她“探看门外的薄雾”，见到点缀着朝露闪闪发光的花园。

21. 十全十美的芬芳

奥吉尔·吉斯林·德·比斯贝克（Ogier Ghiselin de Busbecq）
外交官
出自他写给朋友的信
伊斯坦布尔附近
1554（或1555）年冬

在阿德里安堡（Adrianople，或称哈德良堡，因罗马皇帝哈德良所建而得名，今土耳其埃迪尔内）停留一天之后，我们动身了，这是前往君士坦丁堡（伊斯坦布尔）的最后一段旅程。在经过这些地区时，有人送上大把清香的花束给我们，水仙、风信子和郁金香（如土耳其人所称的tulipan）。我们非常惊讶它们竟能在隆冬开花，这根本不是适合花朵的季节。希腊有许多水仙和风信子，它们的香气十分浓郁，不习惯的人甚至会到头痛的地步。郁金香几乎没有什么香味；它们的可取之处是在于五彩缤纷，美不胜收。

奥吉尔·吉斯林·德·比斯贝克1522年生于佛兰德（Flanders，今之比利时）。他才华洋溢，十三岁就进了鲁汶（Louvain）大学。他是当地一名地主的私生子，但因为聪明好学，因此有关单位特别颁发他合法身份的许可。1554年11月，年纪轻轻的比斯贝克成了神圣罗马皇帝驻君士坦丁堡（伊斯坦布尔）鄂图曼苏丹的大使。当时已经战云密布，他的任务就是尽力谈判，争取最好的休战条件。

在赴土耳其的路上，比斯贝克遇见了正返国的前任大使——据他的说法，情况并不乐观。他在那里根本被当成阶下囚（情况严重到他尚未踏上故土，就已经命丧黄泉）。在苏丹的宫廷内，恐怕是一段艰难的时光。

旅程本身就漫长而艰辛，再加上比斯贝克忧心忡忡，但在“最后一段旅程”，他依旧能感受到身边的风景。当地人送上“大把清香的花束”，大地俨然成为巨大的花园，鲜花到处盛开，尤其是“水仙、风信子和郁金香”。

其实比斯贝克这些信都是事后才写的，作为回忆录。信是写给他的朋友、同为外交官的尼古拉斯·麦考特（Nicholas Michault）。他所描写百花盛开的景象，很可能并非这次冬日的旅程所见。他的确曾在其他鲜花盛开的时节来到此处，不过这时间的含混恰恰突显了这些印象的栩栩如生。或许他记不清楚究竟是什么时候体验到水仙、风信子和郁金香之美，但他记得在见到这花园时的鲜活印象。

首先是色彩，看到它们大片大片盛开，接着是芳香，既甜美又浓郁，“十全十美”。他生动逼真地描述那一波波袭向他感官的香气，熏人欲醉！

那一刹那的快乐和周遭的一切都没有关联，这是大地的“浓郁丰富”，笼罩了人类所有的官能。

即使不是出于个人经验，比斯贝克也由阅读古典文学作品，认识了这许多花朵。但郁金香对他却是新的体验。刚开始它似乎不如水仙和风信子，因为它“几乎没有什么香味”，但色泽却艳冠群芳，有许多深浅缤纷的色彩！

在一切的谈判和威胁之前，这是非常人性的时刻。在16世纪的欧洲外交官眼里，世界就像庞大的战场，军队来回移动。然而在这里，人可以把大地当成花园，对话成了此地爱花人的交谈。

比斯贝克花了八年的岁月，才折冲出可行的休战条件。大半的时光他都待在君士坦丁堡的大使馆里，但这生动鲜活的插曲，芬芳和色彩的闪现，却是他人生中这困难十年真正的人性传承。

这快乐的一刻超越了恐惧和挣扎的岁月。

22. 温室花朵的愉快干扰

威廉·柯珀（William Cowper）
诗人
出自他写给朋友的信
白金汉郡（Buckinghamshire）奥尔尼（Olney）
1783年6月8日

我们最严酷的冬日，平常是称作春天的，如今结束了。我坐在自己最爱的休憩之处——温室里。此时此际，如此寂静，如此蔽荫，听不见人们的脚步声，只有我的桃金娘在窗边窥视，你可以猜到我不会抱怨有人打扰，我的思绪完全由自己支配。然而此地之美本身就是干扰，我的注意力被那些桃金娘吸引，两排正要绽放的美须兰，和一畦已经盛开的豆科花朵；而要知道，虽然你有这么多有力的对手，我却摆脱它们全部，把这一小时完全奉献给你，可见我对你的看重。

威廉·柯珀一生坎坷，大半的时光都郁郁寡欢。1731年出生的他是英国教士之子，长大之后在伦敦担任律师，但这职业不适合他羞怯的个性，加上爱情不如意，使他忧郁的倾向更加严重。到了1763年，他自杀未遂，这时恩温（Unwin）夫妇伸出友谊之手，挽救了他。1767年，恩温先生骑马发生意外导致死亡，柯珀和恩温的遗孀玛丽及她的子女迁往新英格兰东部亨廷顿（Huntingdon）附近的宁静小村奥尔尼。柯珀和奥尔尼村的副牧师约翰·牛顿（John Newton）结为好友，牛顿正是著名基督教圣诗《奇异恩典》（*Amazing Grace*）的作词者。虽然有这友好的环境支持他，但这位诗人在1773年再度精神崩溃，情况更加严重。

接着柯珀找到他人生的两大支柱：一是诗歌，他开始发表诗作，而且佳评如潮；二是园艺，他温室里栽种瓜果，为自己种的黄瓜得意洋洋。他喜欢和专业的园丁谈话，交换栽种的诀穷。此信就是他坐在温室中，写给玛丽的儿子威廉·恩温的。

在写这封信时，春天才刚结束，在柯珀感觉中，这一季只给了他虚假的希望，因为他认为在春雨和春寒还徘徊不去时，是无法享受花园之美的。如今他正在享受英国的初夏，而这回他确信不会再出任何差错，“我们最严酷的冬日，平常是称作春天的，如今结束了”。他虽情绪低落，却能够取笑可怜的春天。他的确需要阳光和温暖。

他觉得自己仿佛噩梦乍醒，“我坐在自己最爱的休憩之处——温室里”。他还有其他的遁世之所，不过这是他最爱的地方。温室是他的避难所，摆脱人生危险和困难的隐居之处。他在这里很安全，几乎没有人看得见，“听不见人们的脚步声，只有我的桃金娘在窗边窥视”。他觉得就连这些花朵都小心翼翼地不打扰他。

在温室里，不只是外界让他感到安全，而

且更重要的是，他的心灵感到平静。他可尽情思索自己，没有忧虑烦心的压力，“我的思绪完全由自己支配”。在他所坐的这温暖而寂静之处，平和的感受抚慰他的心灵。在忧郁发作的日子里，他常常无法以这么平静的方式选择自己的思绪。因此对柯珀而言，思绪能够“完全由自己支配”，就是极度的快乐。

在这些思绪之中，唯一的“干扰”就是大自然纯净的美，围绕在柯珀周围的色彩和形状。但他并不真正想要避开这些使他分心的事物。在这里，不论心内身外的世界都热情招呼着他，而他也感到十分安全，正因为他在身心双方面都同时得到休憩，才能恬适地写信给朋友。

23. 人造彩虹

米歇尔·德·蒙田（Michel de Montaigne）
哲学家
出自他的旅游日记
意大利提沃利（Tivoli）
1581年4月4日

来到提沃利，一定要看看闻名遐迩的千泉宫（Villa d' Este）和费拉拉（Ferrara）主教花园，巧夺天工的作品……

（花园中）无数水柱喷发，由远处一具小设备操纵开关。我在佛罗伦萨和奥格斯堡（Augsburg）游历时，曾见到过这种设备。在这里，音乐由某种天然的风琴产生，它总是演奏同样的曲调，通过水流的方式。水以巨大的力量落入一个圆拱形的凹槽，搅动并压迫空气，同时风吹入，使风琴管发出声音。另一股水流转动着一个带齿的轮子，这些轮子按照一定的顺序敲击风琴的键盘，小号的声音也是由同一设备模仿而成……

许多水塘或贮水池都设有石栏杆，其上则设着高高的石柱，各柱之间相隔约四步。在这些石柱的柱顶喷嘴上，流水以势不可挡之姿，不是向上喷涌，而是向下朝池中倾注。所有的水柱都向内转，面对面，以雷霆万钧之势向下喷水，速度之快，使得水柱在空中相会之时化为浓密而持续的雾。阳光也落在同处，因此在水池的表面，在空中，在四面八方，创造了一道明显的彩虹，浑然天成，和穹苍上的“那道桥”十分相似，我从没见过能与之相提并论的景观。

米歇尔·德·蒙田1533年在法国西南波尔多附近出生。在多年自学哲学和文学之后，他成了知名的作家和哲人，尤其以散文著称。1580年，他发表了两本随笔，并在欧洲各地游历，部分也是为了身体疗养的需要（他患了肾结石）。他虽写日记，但生前并无意发表（直到一个多世纪之后出版，让他死后名声大噪）。这是在他休养时期的私人笔记。

罗马附近提沃利的千泉宫是意大利文艺复兴时期花园设计的杰作，拥有最新的精巧科技。尽管在这座花园中，这些水力机器只是玩具，但其实它们可说是工业时代的先驱。

蒙田很欣赏这些装饰喷泉的精巧和聪颖设计，但他其实是因为这个景观而感到兴奋，虽然身体不适，依旧觉得此景巧妙特别，值得一观。

在游览花园的最后，他注意到“颠倒”的喷泉，喷嘴把水向下冲至水池，而非向上喷到天空。结果造成人造的水雾，水气喷雾的细密雨云，让阳光创造出壮丽的彩虹。这很特别——彩虹机器！这很符合蒙田对快乐的观念。这喷泉和其他想要和大自然争锋的机器不同，无意间证明了真实彩虹的难以匹敌之美。

蒙田一定会感觉到，唯有在这伟大文艺复

兴花园的这个角落，大自然和人类的创作才真正达到和谐。在这个意大利杰作花园之中，还有什么比彩虹更适合绽放？

24. 为生日放光添色的花果

奥利弗·温德尔·霍姆斯（Oliver Wendell Holmes）
诗人、医生
出自他写给三位朋友的信
马萨诸塞州比弗利农庄（Beverly Farms）
1885年9月2日

我亲爱的朋友——言语难以形容我对诸位记得这个日子的谢忱。希望你们29日（8月，他的生日）能与我同在；花园和温室中的每一朵花，还有清丽脱俗的水果，装点了我们在路旁的居处。

添岁吧，我亲爱的伙伴们，添岁吧！你的失败被人忘却，你的美德得到大力赞扬，对你的爱中有恰到好处的怜，使得它有一股自己的柔情。年龄的地平线十年十年地前进。六十岁时，以为七十岁已是极限；七十之时，则聚焦在八十的那条线；到了八十，我们可以看穿迷雾，眺望九十；到了九十，百岁的海市蜃楼依旧牵引着我们的期望。

奥利弗·温德尔·霍姆斯原是知名医师，也是哈佛大学院长兼解剖学教授。他是传染病理论的先驱、知名的诗人，以及颇受好评的公众演说家。他这封信是写给同样出名的三位友人——詹姆斯·罗素·洛威尔（James Russell Lowell）、查尔斯·艾略特·诺顿（Charles Eliot Norton）和乔治·威廉·柯蒂斯（George William Curtis），他们分别是作家、学者和社会名流，信中谈到几天前他过七十六岁生日的景况。

他目前正待在比弗利农庄的避暑度假屋，比弗利农庄是怡人而时髦的海滨胜地，离波士顿不远。他通常都在这里过生日，常常接到一叠贺寿的电报和信。随着他年岁渐长，他也对可能来访的访客说他当天“不在家”，希望能在乡间的宁静中度过。

他心满意足。他的人生十分成功，有不小的成就，也获得各种荣誉。

但是他现在想的并不是自己伟大的成就，而是在恬淡宁静中，想到他生日的某个片刻，“希望你们29日能与我同在；花园和温室中的每一朵花，还有那清丽脱俗的水果，装点了我们在路旁的居处”。这必然是美丽的暮夏，海滨的季节已经接近尾声。

在学术和文化界，他已经有了极其崇高的地位，但使他获得纯粹快乐，不掺杂其他评价或烦忧的，则是他的避暑度假屋，他很高兴花朵和水果装点了那个世界。

他边写信，边回想起那片刻之间所有碧绿和色彩同时展现，像往常一般清新而完整地渗透他的感官。他也加上了反省之乐，“添岁吧，我亲爱的伙伴们，添岁吧！”这“添岁”二字把充满讽刺意味（我们能有别的选择吗？）的建议和炽热展示的生日花朵结合在了一起。人和植物共享造物主的这一生长原则。

在他人生的黄金时期，他在各个方面都很成功，有时得面对强硬的反对声音，就像他捍卫细菌感染的理论一样。如今他觉得自己年事已高，人们可以接受他不再有任何建树，只是存活在世上；因此他能享受每一刻光阴的欢愉，就像是他最后的时日，但却不觉恐惧遗憾。

第4辑

家庭

25. 想到子女的甜蜜

山上忆良（やまのうえのおくら）
歌人、官员
出自他的歌
日本京都
约700年

食瓜忆儿女，

食栗情深意更切，

儿等缘何来，

童稚身影烙眼前，

反侧辗转不成眠。

山上忆良学而优则仕，居住在京都皇宫之内。他写此和歌时已入中年。虽然他担任过驻中国的使节，也当过县守，不过在他写这首和歌时，事业生涯并不是他生命中最重要的一部分。他在描述自己为什么感受到活着的快乐时，并不在乎宫廷生活的荣华富贵，他既不谈财富也不提权势。相反地，他谈的是子女带给他的快乐。和这种幸福相比，其余的一切都微不足道。

他在此和歌中描写了两个十分纯真的时刻，一个是吃瓜的欢喜，他边尝这种水果，边想到子女的甜蜜；到了秋天，他吃栗子时，栗子的香甜也同样让他想起对子女的关爱。他们是他人生中最甘美的部分。他用和歌表达关怀他们的感受，就像品尝举世最甜美水果的味道。

正因为子女不在身边，使得他对他们的爱更加强烈。拥有孩子的美妙和食物出人意表的甘甜味，两种感受融合为一。瓜和栗子不但甘甜，而且都是日常生活的一部分，无须努力奋斗也不必靠运气就能品尝。它们既非战争中劫掠而来的战利品，也不是辛劳工作的报酬，而是大自然所赐的福祉，是像爱一般流泻的人生滋味。

为什么孩子的身影“烙眼前”？山上忆良不禁疑惑，这种福祉是来自哪一种看不见的根源？是哪一股秘密的泉水，由此涌出了生命之河，流进人们的生命里？这样的好奇心正是造成这些快乐时刻的部分原因。山上忆良喜欢时时反省，种种的问题就像瓜和栗子一样，让他心里涌现甜丝丝的滋味。基于这股好奇心和感受，使他比皇宫中的其他人更广泛涉猎哲学。在当地正统的佛家思想之外，他发现了注重家庭之爱观念的孔子儒家。

孩子的影像有时在他眼前，鲜明得让他夜不安枕，这是生命本身的热情，充满了活力，让他辗转反侧。在夜阑人静的时分，他的欢喜融合了思念。在他口里含着瓜和栗子的强烈香气之时，他的子女仿佛就在面前。就是这种亲密的感受，这种实实在在的子女之爱，让山上忆良得到了真正的快乐时光。

26. 赴公园郊游

夏洛特·鲍斯菲尔德（Charlotte Bousfield）
工程师之妻
出自她的日记
英国贝德福德郡（Bedfordshire）贝德福德（Bedford）
1879年8月3日

下午，除了泰德之外，我们全都去安特山庄园（Ampthill Park）喝茶。约翰和威尔轮流骑脚踏车，爸爸和我则与两个女儿在一起，弗洛伦斯时骑时走；整个下午都很怡人，我们在空旷的户外，彻底享受共餐的乐趣。

在维多利亚女王时代的英国，8月第一个周一是假日。1879年当天，位于伦敦北方的贝德福德风和日丽。已入中年的夏洛特·鲍斯菲尔德和家人一起去野外郊游。她的丈夫爱德华（爸爸）是个事业有成的工程师，在一家农业机械制造厂工作。

他们的老大威尔已经由剑桥大学毕业，学的是数学。他继承了父亲对新发明的兴趣，正在学习法律，打算在布里斯托担任专利律师。二十多岁的他当天带着4月才刚结婚的妻子弗洛伦斯，这是两人结婚以来头一次以新婚夫妇的身份来探望父母。二儿子泰德刚取得医师资格，因为要工作，所以没参加这次的野餐。幺儿约翰二十出头，和朋友住在艾塞克斯（Essex）郡的切尔姆斯福德（Chelmsford），这天正好回家。鲍斯菲尔德夫妇还有两个女儿，十七岁的洛蒂刚念完书，回家接受母亲的指导，学习维多利亚时代女人该会做的家事，至于十三岁的哈蒂则还在上学。

鲍斯菲尔德夫妇当天是去贝德福德附近的一个乡村庄园——安特山庄园，该庄园开放给公众游玩。他们大家轮流骑车，两个年轻人因为骑得快，所以一马当先跑到前面去，其他人则轮流骑。

维多利亚时期的家庭以刻板严格著称，但在这个8月的假日，鲍斯菲尔德夫妇却难得轻松地带着一家大小，享受了愉快的一天。

当时的人们喜好新机器和各种灵巧的装置，因此也喜爱脚踏车，这是爸爸和威尔专业的领域，也是母亲夏洛特热爱的运动。不过另一方面，空间和公园的开阔，也正是他们孜孜矻矻日常生活的解药。安特山庄园很久以前曾是皇室的居处，整个园林是由18世纪园林大师万能布朗（Capability Brown）所设计，他对浪漫景物的喜爱，也意味着这里非常适合漫无目的地骑车漫游、散步。这些人平常都很忙碌，没有时间游手好闲，徘徊逗留。他们的生活通常是由目标驱动的。

这个下午最后，大家一起野餐，满心欢喜。“共餐”一词表现出一种可爱的共同体验感，他们喜欢在这样的郊游中野餐。在那时，能够“在空旷的户外”享用一顿饭，都可说是大胆之举。

他们摆脱了紧紧束缚日常生活的传统限制。

然而这也表达了他们基本的个性。夏洛特选择了“彻底”一词，来表现这快乐和他们平常的生活方式一致之处。这一家人不论做什么，都要做到彻底，因此他们对这快乐一刻的体会，就和他们对工作一样，达到淋漓尽致的地步。

对威尔和弗洛伦斯这对新人而言，这个下午他们被家人温馨地接纳。在订婚期间，弗洛伦斯的新婆婆对她一直都很亲切，而这对新婚夫妇必然也觉得以这样的方式打发闲散的假日午后十分怡然。维多利亚时代的家庭生活虽然中规中矩，但在这里，这轻松的环境和大家共同的娱乐，带来了自在和欢乐。

27. 对未完工的新居洋洋自得

特里菲娜·怀特(Tryphena White)
拓荒家庭之女
出自她的日记
纽约州卡米勒斯(Camillus)
1805年8月5日

星期一，我们用几天前贮存的雨水洗了澡，然后烤了食物。下午我们就开始把不多的物品全都搬过河到新居去；大部分的东西都搬了，至少居家最需要的物品都有了。我登上(阶梯，进了)房间，在地板上搭床。波莉也来帮忙……这建筑有点像我们的商店，有两个房间，烟囱就在房子正中央，或者应该会在那里，因为还没有盖。楼下全都在一个房间里，一边放了一张木工的工作桌，有一名木工在工作。我们已经有了一些架子，好放餐具等等，还有一扇活门，可以下地窖，房间地板才铺了一半，我们用零散的粗木板搭了四张床，一头两张，另一头也两张。我用帘子把自己的床和其他床隔开。我们在房子不远处找了地方安置锅子和茶壶，并且生火烹饪。在这里大家习惯在屋外设火炉升火。虽然新居十分不便，但我们却很为它自豪，就像拥有举世最高雅房子的人一样。

怀特一家人由他们长住的马萨诸塞州西斯普林菲尔德（West Springfield）迁到纽约上州的新垦殖地卡米勒斯，当时这里连村子都谈不上，只不过是几间屋子，才开始要兴建广场。特里菲娜·怀特的父亲约瑟夫在已经有几间屋子的杰纳西街（Genesee Street）建了一间小屋，还在附近盖了一个水车。

特里菲娜才二十出头，她的兄弟伊莱亚还未离家，她姐姐安娜和姐夫也迁到卡米勒斯来了。这群兄弟姐妹的母亲多年前已经去世，他们现在有了一位疼爱他们的继母，名叫菲比。

1805年6月，特里菲娜记录他们开始兴建新居，“周六下午，我们的房子搭起了来”。在此同时，他们得露营，日子过得很艰苦。在这个8月的周一早晨，他们“用雨水洗了澡”，那是几天前贮的水，然后烤了些食物。当天下午则十分特别，“我们就开始把不多的物品全都搬过河到新居去”。她早就在期待这一天，在等待的这段时间，她一直忍受着原始的生活条件和缺乏隐私的情况。他们“过河”，水车就要设在这里，接着他们来到了新的房子。

她立即开始整理，在她头一次爬上卧室时，脚步声可能在楼梯木板上回荡。他们带了一些床单和毯子，好“在地板上搭床”。她不想再回去露营。

另一件好事是她的朋友波莉也来陪伴她。她是莱特太太的女儿，这位邻居十分亲切，过去几周都供应茶水给怀特一家人喝。

房子里一切都还没安顿，特里菲娜记录了

房子里无比重要的烟囱“应该会在那里，因为还没有盖”的位置。不但木匠的工作桌还在楼下，连木匠本人也还在做楼下的工作。她还去找了“零散的粗木板”来搭床，屋里还没有地方可以烹饪。

但正当她在打点拼凑这新生活的开始时，一股强烈的快乐感油然而生，她用“虽然新居十分不便，但我们却很为它自豪，就像拥有举世最高雅房子的人一样”这话来做宣告。她很高兴自己身为怀特家的一分子，充满韧性和乐观，在这历时不久的新垦殖地展开新生活。在这仲夏时分，他们终于回到了家。

28. 骨肉团圆

杜甫
诗人
出自他的诗《羌村》
羌村（今陕西富县）
约758年

峥嵘赤云西，日脚下平地。
柴门鸟雀噪，归客千里至。
妻孥怪我在，惊定还拭泪。
世乱遭飘荡，生还偶然遂。

家喻户晓的大诗人杜甫生于公元712年的唐朝时代，他成长的环境还算稳定，但随后动乱开始。这段诗句描述了片段的个人经历，记录了在颠沛流离的岁月中，能够与家人团圆的惊喜。

杜甫虽然才华洋溢，参加科举却屡试不中，他最后一次科考是在747年（天宝六年），依旧落第，因此在当时严格的制度下未能春风得意。8世纪50年代初期，他娶妻生子，之后培养出独特的诗风，以日常生活和平凡人物的悲欢离合入诗。

而在此同时，大唐帝国外有边患侵扰，内有安禄山为乱，时局动荡，唐玄宗仓皇逃出长安，杜甫也带着家人往北避祸。他安顿了家人之后去投奔肃宗，却被安史叛军俘虏，押往长安，进退不得，好不容易才脱逃，只身前往肃宗所在的凤翔。

他与家人已经离散许久，朝廷终于准他回家探视，他徒步走了数百里路去寻觅家人，一路承受着孤寂和忧虑，如今终于骨肉团圆，找到了家人。在举国巨大的动乱不安中看到挚爱的家人，简直是奇迹。

这首诗约成于公元758年，在杜甫与家人重聚之后，写于羌村。这一刻正是夕照时分，他经历的所有颠沛流离，在这个黄昏都得到了补偿，此刻他的视野拉远，就像回忆的影像一般，一路延伸到晚霞映照的地平线上。在那里的大世界，他已经暂时挥别身后。

前方是他的家，他的视线落在微小的事物上——柴门和鸣叫的鸟雀。这些微小的事物让他感动，因为他一直被困在远离家人的荒凉之处，如今返回他过去所习惯的生活。此时此地这扇门有其重要性，因为它属于他。他的妻儿，那些麻雀，都以此为家。

现在他可以回顾自己为了回家团圆而走的那千里“平地”，如今想来，他依旧感受到旅程的艰辛。虽然他先前运道不佳，但现在好运眷顾。他可以感受到妻儿因终于团圆而感受到的激动，他们看到他突然由乱世里冒了出来，泪水难以抑制，说明了他们感受到强烈的欣喜安慰。

他继续描述这平和乡间世界的一景——“邻人满墙头，感叹亦歔欷”。

29. 为健康深深感恩

约翰·赫尔（John Hull）
银匠师傅、商人
出自他的日记
波士顿
1658年夏

7月7日。我堂兄丹尼尔·昆西（Daniel Quincy）也在一周后，继罗伯特·桑德森（Robert Sanderson）之子缠绵病榻后，同样发烧，病情严重，但经由上帝的恩典，到8月17日已经康复。这两人开始生病时，我妻也在生病，但他们病情加剧之时，她却好转起来。

约翰·赫尔在1635年约十岁，随父母由英国来到波士顿，他在马萨诸塞州侨居地受到训练，担任银匠师傅，事业十分成功，后来被指派为造币厂厂长。他和罗伯特·桑德森一起设计并制造了马萨诸塞州造币厂的第一批硬币。1647年，他娶了波士顿数一数二大户的女儿茱蒂丝·昆西（Judith Quincy）。

在1658年“热病”（很可能是麻疹）席卷波士顿之前，他们已经有几个孩子夭折。他眼见“热病”威胁自己的亲人，“我堂兄丹尼尔·昆西也在一周后……缠绵病榻后，同样发烧”，他的妻子大约同时发病，这时刻使他绝望而恐惧。

赫尔的妻子茱蒂丝可能是由别人那里感染而生病（不过那时还没有感染这种观念）。如果疾病真是如此感染传播，那么他的确有理由为他们的孩子——“我的小女儿汉娜”担心。宝宝还在吃奶，不能离开母亲，但他担心“一丁点发烧”会传给宝宝。她这么小，这么脆弱；如果大人都会生病死亡，她怎么可能撑得过去？他的恐惧鲜活地呈现在“一丁点”一词中，意味着只要些微的疾病，她都可能消受不了。

但事实证明他的恐惧毫无理由。非但没有发生如他想象的悲剧，病人反而都逐渐康复。他的妻子“好转”痊愈了，他们的宝贝女儿也平安无事。他表达了摆脱烦忧的解脱感，过去他必然曾因命运恶意的折磨而恐惧，如今他因康复而再度感恩。

他觉得自己没有任何建树，不配接受这样的恩典，那也是他心中无可言传欢喜的部分原因，“虽然我并不配得到这个恩典”。十八年后，他的女儿汉娜嫁给了法官兼作家塞穆尔·休厄尔（Samuel Sewall）。据说大喜之日，赫尔送了她非比寻常的妆奁——与她体重等重的松树花纹硬币，那是美国殖民时代最初的硬币。

这种对丧失亲人阴霾的解脱是所有家庭之爱的深沉基础。这位17世纪的父亲以谨慎而尊严的态度表达了他的欢喜，但并没有掩饰深沉的恐惧，和当这阴郁夏日过去之后无尽的感激。

30. 舐犊情深

埃德蒙·弗尼（Edmund Verney）
富有的绅士
出自他写给儿子的信
伦敦
1685年1月22日

今天我把你所有的物品都送去给你，除了你的旧外套，因为我觉得你不需要它，也不值得送去。我也没有把你的旧帽子送去，因为它太糟了，让我难为情。我为你买的所有新物品都放在新的箱子里……还有你的两个基尼金币放在小口袋，新的刀叉放在大口袋；愿上帝保佑你，赐你好运。

你亲爱的父亲

埃德蒙·弗尼

在你的箱子里我为你放了

十八个塞维亚柳橙

六个马拉加柠檬

三磅红糖

一磅白糖粉，做成方块型

一磅红糖糖果

四分之一磅白糖糖果

一磅精选葡萄干，治咳嗽

四个肉豆蔻

埃德蒙·弗尼年近五十，多年前丧妻。他的儿子也叫埃德蒙，前一天已经乘马车由伦敦的家去往牛津大学求学，当天他们打包了一整天，现在行李要随后送去。

弗尼家富裕而显赫，他们在白金汉郡拥有大笔资产，老埃德蒙的父亲拉尔夫爵士（Sir Ralph）是地主。拉尔夫爵士是查理一世的重臣，但在内战之中和之后运势不佳。英国国王在1649年遭处决，奥立弗·克伦威尔（Oliver Cromwell）掌权，共和国暂时取代了王权，拉尔夫爵士于是带着家人流亡至法国，后来回到英国之后，甚至还遭监禁。不过自从查理二世1660年即位，王权复辟之后，弗尼家族又恢复往日的荣华富贵。只不过老埃德蒙已经尝过艰苦的滋味。

他们在伦敦的家有众多仆人做打包和分类的工作，老弗尼原本不必亲自动手，但他却心甘情愿这么做，他的慈爱显现在字里行间。

他小心翼翼地整理儿子的物品，带着幽默的口吻说明为什么留下他的“旧外套”和相配的破旧帽子。他谨慎列出两个基尼金币、新的刀叉，和放置新物品的新箱子，又温情地加上“愿上帝保佑你……你亲爱的父亲”。

接着他放进一些零食：柳橙和柠檬，在英国的冬天不容易吃得到，当然是奢侈品。糖已经成为英国日常生活的一部分，但除了常见的红糖之外，他又添了一些额外的东西：罕见的方糖、糖果、葡萄干和肉豆蔻，还有来自东印度群岛的香料。他提醒儿子葡萄干能“治咳嗽”，表达了父亲的关爱之情。

老埃德蒙身为父亲的爱和快乐在文字里表露无遗，尤其是像“在你的箱子里我为你放了”这样的句子。他这样的贵族其实根本不需要自己动手，但他却这么做，把糖和水果放进去，挑选宝贵的礼物——“为你”。

他的判断很精准。在他儿子仔细记录的账目里，可以看出他的钱很少花在酒上，却常花在一些小东西上，诸如“柳橙、苹果、甜李和香料”。

江山改朝换代（查理二世已经濒死），但在这种父子亲情的私密时刻，人的心灵永远是一样的。

31. 生离死别

汉娜·玛丽·拉斯伯恩（Hannah Mary Rathbone）
照顾即将撒手人寰婆婆的媳妇
出自她的日记
利物浦附近
1839年4月

妈妈（婆婆）在穿衣时说："我的头本来就一直痛，但现在更是剧烈。"我想帮她更衣，她说除非我知道她想要的是什么，才可能帮得上忙。

早餐后我读威尔森主教（Bishop Thomas Wilson）的书《萨克拉·普里瓦塔》（*Sacra Privata*）给她听。我看到她用手按着头，便问她我是否该停下来；她没有回答。我握着她的手，恳求她躺下。她说"好"，但并没有动，似乎无法整理自己的思绪，只是重复说"好"。她似乎很难过，不停地用双手摸索，说："谁？谁？"……

她的心与脑似乎填满了她对家人的爱与情感。有一次，我以为她想要我离开房间，但她转头对我说：“你，我从不希望你离开房间。”并且把她的脸靠近我的脸，低声说：“我希望你永远待在这房里。”

在她亲生女儿汉娜进房时，她说：“这是汉娜，我的汉娜吗？哦，这真教人安慰。”同样地，她看见亲生儿子理查德时会说：“那不是我亲爱的理查德的声音吗？保佑他，保佑他，保佑他。”并且慢慢而清楚地说：“愿您的旨意行在地上，如同行在天上。”还有一次她对我说：“汉娜·玛丽，哦，我亲爱的孩子，你怎么来的？帮我拿一些小手帕，我很需要它们。”对她儿子：“理查德，亲爱的理查德。”当他朝她弯下身时，她非常深情地吻他，把他的手放在唇上，亲吻数次。

对于子女为她所做的亲切行为，她表达了莫大的感激之情，说：“可以做的，已经全都做了。”

汉娜·玛丽·拉斯伯恩随着丈夫理查德，带着他们的幼儿来到拉斯伯恩在利物浦乡间的庄园格林班克（Greenbank）。起先他们是为了自己在利物浦的家正在装修而避居此地，理查德在利物浦是成功的商人，“理查德、我和宝宝来到小屋（格林班），因为我们自己的房子正在油漆”。一开始过得很愉快，只是有个阴影，“1839年4月2日。我们搬进小屋，过了几天愉快的日子，我们十分自在，但我很担心妈妈（婆婆）日渐虚弱”。

理查德的母亲也叫汉娜·玛丽，她已经病了一段时日。她在格林班过着富裕的生活，这是她与家人挚爱的家。她的丈夫多年前就已去世，但这屋子依旧是家人和小区的中心。

如今她遭病痛的折磨，和外界逐渐切断联系，“似乎无法整理自己的思绪”。但她人生最深切的情感——“对家人的爱与情感”依旧强烈。

这些是激励老汉娜·玛丽，让她的一生多彩多姿的情感。如今她逐渐放下在人生中的一切负担，它们却在人类深沉接触的时刻找到最后的表达，比如“把她的脸靠近我的脸”这种单纯的时刻。在逐渐浓厚的迷雾中，她亲爱的联结依旧存在，“这是汉娜，我的汉娜吗？哦，这真教人安慰”，她说，还有“那不是我亲爱的理查德的声音吗？保佑他，保佑他，保佑他”。这些辨识出亲人的欢喜情绪就像阳光一样照耀在聚集在一起的家人身上。在这些时刻，流露出一种基本的快乐，生命的风味发挥得淋漓尽致。

32. 婆婆的温暖招待

安·沃德(Ann Warder)
商人之妻
出自她的日记
费城
1786年6月7日

(6月)6日——晚餐时分下了一场暴雨，让我们耽搁了很久，但良驹马不停蹄，很快载着我们跑完(到费城的)最后二十英里的行程。妈妈(先生约翰·沃德的母亲)、胡登阿姨以及她先生表兄约翰·胡登和四名帕克家人，以及(约翰的)姐姐艾蜜琳都迫不及待地等着我们到来，不过在抵达后我并没有通知他们，直到到了楼上，他们表现出无法形容的欢喜之情。我最亲爱的(约翰)一个半小时后才抵达，因为可怜的牲畜实在疲乏。我的到来已经让亲爱的母亲得以享受她期望已久的欢愉，再想想她看到最疼爱的儿子，在十年不见之后，会是多么的喜悦。当晚和家人、姐姐艾蜜琳、比利和莎莉·莫瑞斯、J.弗莱共度……

（6月）7日，我在妈妈最好的床上睡得很好，房间大，屋子宽敞。下面是店面，前面是账房；一个大客厅和后面的一个小客厅，是由街上到后院的怡人入口。楼上是舒适的起居室和三个大房间，有同样大小的凉爽通道。在最好的一个房间里有约翰的画像，画得十分逼真。早餐后，我匆匆去准备迎接客人，他们的人数多到就是每个人只见一次，恐怕都会教我疲惫不堪。

安·沃德是英国贵格会教徒的女儿，原本住在英国东部萨福克（Suffolk）郡的伊普斯威奇（Ipswich），年近三十的她初次往访美国。她的美国丈夫约翰·沃德也是贵格会教徒，十年前由费城来英国出差，接着就留了下来。他们已经结婚数年，有三名子女，不过这回只有大儿子杰里迈亚跟来。他们是在4月末由英国出发，乘船往纽约这漫长旅程的最后一段，安先走一步，来拜见婆婆和老老少少的亲戚。她抵达之后匆匆进入，应该是仆人为她开的门，没有人注意到，接着她进了房，与他们共处一室。他们会怎么接待她？

他们之所以到美国来，主要是因为约翰的家人对他父亲的遗嘱有一些争执。但就算她起先担心他们会对她冷淡，这种顾虑也马上因为他们热情的欢迎而消散，“他们表现出无法形容的欢喜之情”，就像暖融融的太阳，使她的忧虑烟消云散。她感到幸福，因为她受到热情的招呼，因此快乐在人与人之间传递，创造同样的情感。

接着她看到丈夫抵达，她婆婆更加欢喜迎接，她明白这位长辈“看到最疼爱的儿子，在十年不见之后”的喜悦。这位年轻的英国妇女因为双重的欢迎而感到欣喜，先是她自己受到美国姻亲的接纳，接着是母子深情的温馨时刻。这回她是欢愉的见证人，就像自己在“一个半小时”之前是主角一样快乐。

次日早上，安在新的环境中醒来，心里感受到归属和平静。她“在妈妈最好的床上睡得很好，房间大，屋子宽敞”。一切都精美、明朗而通风。外在的世界反映出她自己的心态。

两年后，她把全家迁到费城，再也没有回到英格兰。

第5辑

闲暇

33. 令人叹为观止的鹈鹕

约翰·伊夫林（John Evelyn）
作家、科学家
出自他的日记
伦敦
1665年2月9日

我去圣詹姆斯公园（St. James's Park）看各色的鸟类，并且检视鹈鹕（Onocrotylus）的喉部。这是一种介于鹳和天鹅之间的禽鸟；是一种忧郁阴沉的水禽，由俄国大使从阿斯特拉罕（Astrakhan，位于俄国南部）带来。看到它把扁平的鲽鱼或比目鱼抛起来，让鱼直直落入它下喙的囊袋，实在令人叹为观止，因为它的下喙像软膜一样，在吃到大鱼时，能够伸展到惊人的宽度。这里还有一只小水禽，比红冠水鸡大不了多少，走起路来抬头挺胸，就像美洲的企鹅；它可以吃下和自己体重一样多的鱼，我从没见过这么贪得无厌的食客，可是它的身体并没有比较膨胀。这里的塘鹅同样也很贪吃，据说它们很快就会把水塘里所有的鱼都吃光。还有一种奇特的家禽，体型和驯鸽相去不远，腿短到连嗉囊都好像碰到地面；有一只乳白色的乌鸦，还有一只这时节很少见的鹳，它脱群落单，却能高傲飞翔……这个时节的公园有许多各色各样的普通和特别的野禽，围着招引它们来的假鸟繁殖。在这么大的城市之中，面对如此多的士兵和人群，招来这么多野鸟本身就十分独特而神奇……这里设有柳条做的容器，也可说是窝巢，供野禽生蛋，位置就在水面上方。

在这个天气温和的冬日，年纪已经迈入四十大关的约翰·伊夫林到伦敦的第一个皇家公园——圣詹姆斯公园消磨时光。英王查理二世刚请人为此园设计了庭园景观，并且开放给一般民众。国王本人也经常来此喂鸟，这里可以算是初期的动物园，也是人们休闲娱乐的好去处。伊夫林热爱观察动植物的生活，写了许多这方面的书，包括关于林木、自然史和园艺的书，开风气之先。这些兴趣都是重要的因素，促成了这二月天美好的户外郊游。

伊夫林到公园去，部分原因也是想观赏形形色色的鸟。最先吸引他视线的是一只鹈鹕，这是俄国送给这位复辟英王（查理二世在1660年摆脱流亡生活回国）的礼物。伊夫林很喜爱鹈鹕，就像现在的儿童不论到世界上哪一个动物园所表现出来的一样。他觉得它用鸟喙吞下大鱼“令人叹为观止”，他也喜欢那喉囊。能够接近这么灵巧、稀罕、美丽的生物，他觉得无比欣喜。它身体上的细腻巧妙之处让他目眩神迷。

他抱着这种欣赏的心情，又继续赞美另一种水禽，这种鸟类更是吃鱼高手。“我从没见过这么贪得无厌的食客”。他以为这鸟会因为吃了那么多鱼而膨胀，却惊奇地发现它依旧保持同样娇小的身材。

看完此情此景之后，公园里的一切都让他心情愉快。他欣赏这些生物的小细节：短腿和乳白色的羽毛、温顺和食欲，以及正在繁殖期的鸟群。这些小小的欢愉凝聚成一种幸福感，他想到整个公园都“接近这么伟大的城市，而且是士兵和民众聚会的地方”。在对大自然真正的欣赏之中，大小事物以美丽的方式融合在一起，而它们也塑造了人类世界的首都。

34. 伯爵的舞会邀请

玛丽·沃特利·蒙塔古（Mary Wortley Montagu）
作家、旅行家
出自她写给朋友的信
维也纳
1717年1月2日

我在维也纳见到的诸位才子中，有一位是年轻的塔洛克伯爵（Count Tarrocco），他和葡萄牙王子同进同出。我简直忍不住要爱上他们两位，并且因为这两个年轻人表现出如此高雅的仪态和这么自在大方的举止而感到惊异，因为他们除了在自己的国家之内，迄今并无其他阅历。伯爵……在此深受热诚的美女欢迎；他殷勤的表现隐藏在楚楚动人的精神之爱之下……

塔洛克伯爵刚刚进门——平常我早上不见客，但他是今晨唯一的例外——我好像看到你露出笑容了，不过我还没有离谱到需要告解的地步；虽然人心难测，而伯爵又如此可人，你或许会以为就算我不想要告解，依旧希望能得到纵容（indulgence）——没这回事，我很兴奋忙乱，而你又不是聆听我忏悔的神父，我可不会做这方面的告白。伯爵来此的企图（目的），是邀我去舞会，让我享受更多的欢乐，享受幸福的充盈。

玛丽·沃特利·蒙塔古是英国大臣兼外交官爱德华·沃特利·蒙塔古（Edward Wortley Montagu）之妻，两人在1712年结婚。才色双全的她在英国宫廷上大出风头，她的朋友中有许多当时最具声望的作家，包括诗人亚历山大·蒲柏（Alexander Pope）和剧作家约翰·盖伊（John Gay）。

1716年8月，她和被指派担任英国大使的夫婿爱德华动身赴君士坦丁堡。两年前，她曾得了严重的天花，虽然保住性命，却留下了疤痕，因此她现在需要莫大的勇气和意志力，才能重新展开她先前十分喜爱的社交生活。她写信回家给妹妹和她的文坛友人，描述她的旅程。这份特别的报告要送去给安东尼奥·康提（Antonio Conti）神父，这位天主教士不但是知名的自然哲学家和数学家，也是皇家学会（British Royal Society，创立于1660年，是英国资助科学发展的组织）的院士。康提的道德标准似乎并不像一般人观念中的天主教士那般严苛，蒙塔古夫人和他分享她在奥国首都经历的一段私密时刻。

在维也纳，年轻的塔洛克伯爵吸引了她的注意；她欣赏他的魅力和清新，她也喜欢他的王子同伴。身为伦敦上流社会的老手，深谙世故的她对他们的精明老练十分着迷，因为在她的眼里，他们的背景毕竟有点乡土。这一切都令她陶醉，仿佛置身在小说世界里。

接着，小说却成了真实人生。正当她在写信给神父时，年轻的伯爵派头十足地大驾光临，使她困惑不安，她原本泰然自若的态度动摇了，甚至还感受到片刻的渴望和兴奋，好奇和欲望交织，让她觉得刺激。“塔洛克伯爵刚刚进门”。原来他对她有兴趣，这大大鼓舞了她的自尊和信心。

伯爵离开了，她则继续以暗语给她的心腹之交写信，以他身为教士接受教徒悔罪的力量为戏，她几乎就要忏悔了，却在最后克制住——以她需要得到纵容（宽容）的想法逗弄他，却同时以纵容的另一个意义（放纵）玩文字游戏。

这略带疯狂的文字游戏正符合她的心境，接着她透露了兴奋的真正原因是伯爵邀请她参加舞会。据她的说法，这是他的“企图”。她把这次的会面戏谑描绘得好像是出于他的老谋深算，甚至充满了危险。

接着她用“更多的欢乐”一下子揭露了她快乐的心境，并且用世人熟知的滑稽暗示接续下面的戏码，“我要撑饱了”。一切都让人兴奋，在那一刻，她充满了活泼的生气。

35. 太守待客

欧阳修
诗人、太守
出自他的《醉翁亭记》
滁州（在今安徽省）
约公元1045年（北宋）

临溪而渔，溪深而鱼肥；酿泉为酒，泉香而酒洌；山肴野蔌，杂然而前陈者，太守宴也。宴酣之乐，非丝非竹，射者中，弈者胜，觥筹交错，起坐而喧哗者，众宾欢也。苍颜白发，颓然乎其间者，太守醉也。

已而夕阳在山，人影散乱，太守归而宾客从也。树林阴翳，鸣声上下，游人去而禽鸟乐也。然而禽鸟知山林之乐，而不知人之乐；人知从太守游而乐，而不知太守之乐其乐也。醉能同其乐，醒能述以文者，太守也。太守谓谁？庐陵欧阳修也。

欧阳修是北宋时期远近闻名的学者和作家，作品传诵迄今。他在政坛并不如意，本文是他遭贬到安徽省当知州时写的散文《醉翁亭记》，当时他年约四十，因在改革中卷入朋党之争而遭谪放，但即使他的诸多仇敌都承认欧阳修是当代大文学家。后来他奉召回京，官至枢密副使。

不过本文并没有谈到权力或失意，也未提及宋代的党争或野心，而是描写他用来自得其乐的乡间木亭。

文章一开始先说亭子的来历，是由山里的和尚智仙所建。这亭子在当地已经颇负盛名，滁州太守欧阳修用自己的别号为亭子命名。因为他稍微喝一点就醉了，而且年纪又最大，所以自号醉翁。由此进而生动地勾勒出当时的场景。

欧阳修描写了当地的声音与景象。河中的钓竿钓到了肥美的鱼儿，这短暂的片刻呈现了无比的平和时光，仿佛这就是举世唯一重要的事物。

食物新鲜在地，美酒沁人心脾，不用炫耀也无须竞争，就连棋赛游戏都没有较劲的意味。人人有奖，宾主同欢，无拘无束，自由自在。

欧阳修喜欢大家欢聚一堂，大声喧哗。在这广大的宋朝帝国中，他很高兴能在小小的一隅，在山影之下，创造这欢乐的一刻。这意味着只要用心经营，就可以发展出美好的社会。在平凡的快乐和自由的聚落之间，可以构成另一种社会，另一种生活方式。

夕阳西下，亭子里也传来了其他的声音。这是禽鸟和动物重掌它们世界的时刻，人们要离开了。大自然也展现了快乐的一面。

但他的快乐却更深沉。醉翁一边享受着朋友的陪伴，一边寻思，他感受到双重的快乐——他知道同游者的快乐，一如他自己也享受了朋友间的对话和美酒。

36. 置身活火山顶

玛丽·贝里（Mary Berry）
作家
出自她的旅游日志
那不勒斯
1784年2月25日

早上八点半朝维苏威火山（Mount Vesuvius）出发，同行者有莫斯格雷夫（Musgrave）先生、柯斯梅克（Coussmaker）先生和克拉克（Clerk）太太。

抵达（维苏威）山顶之后，一路上的辛劳都获得丰厚的回报。我们离火山口边缘有两小时的路程，整段路上它都不停吐着火红色的石头和岩渣（熔岩块），大半的时候，风把烟吹往另一个方向，我们看到持续不断的火焰，并且探看火山口的深处。维苏威现有火山锥的表面完全是因上一次喷发而造成，满是大条的裂缝，其中不断冒出烟雾来。我们绕着火山口边缘行走，跨过数道裂缝，来到上一次喷发的位置。

我们就在火山口边缘用餐，只要探头一望，就可见到火热的裂口，享受它不断招待我们的高贵烟火。风不时把烟吹往我们这边来，尽是砂石，让我们睁不开眼，空气里饱含的硫黄也使我们咳嗽连连。

我由火山口徒步回到骡子等待我们之处，我想大约费时半小时。下山非常快，但由于我们脚踩的土地是软的，只要撑着手杖，或者牵住别人的手臂，就能轻松前行，不致疲惫。

玛丽·贝里于1763年生于英国约克郡（Yorkshire），一年后，她的妹妹阿格涅丝也诞生，姐妹俩十分亲密。她们的母亲不久就去世，两姐妹由父亲和祖母抚养长大，先住在约克郡，后来则迁到伦敦。

两姐妹的父亲罗伯是富商，1783年5月，他带着这两个年轻女郎赴欧洲游历，先穿过荷兰和比利时，再沿着莱茵河前行。到1784年2月25日，他们已经来到意大利南部，准备攀登那不勒斯城外的维苏威火山。

在这样的贵族旅行（Grand Tour）*的旅人心目中，意大利是绝佳的目的地，维苏威火山更是他们常去的地点。不过这样艰难而危险的旅行罕有女士参与，因此十分新鲜。玛丽并非矜持被动的淑女闺秀，她以自己独特的方式来看世界。而且她也已经成为作家。当他们走过火山脚下之际，她就已经把一切的景象记录在旅行日志之中。对于维苏威火山在公元79年大爆发时，和庞贝城一起被摧毁的赫库兰尼姆（Herculaneum）古城遗迹，她并没有特别深的印象，她写道："它全埋在75尺深固态的火山灰之下。"挖掘古城的工作在18世纪初才刚开始，在她眼里显得乱七八糟。

---

* Grand Tour，欧洲贵族子弟成年时外出游历，行万里路，增广见闻，后也扩及平民。尤其在18世纪的英国十分盛行。

这对英国姐妹花在登高之后，各自坐在椅子上，由四名当地人抬着上山，一直到最后一段才自己行走。玛丽很喜欢这样的做法，觉得逍遥自在。接下来就是他们登顶的美好时刻。最近一次大爆发才刚过几年，而维苏威火山在18世纪最后数十年依旧十分活跃。但这一切都并没有阻止两姐妹，即使“整段路上它都不停吐着火红色的石头和岩渣”亦然。这是个危险的地方。

但这也就是玛丽体会到至高无上幸福的时候。由火山顶上眺望那不勒斯和周遭的景物，视野辽阔。他们“绕着火山口边缘行走”，接着“就在火山口边缘用餐”——这地点太好了，因为他们“可见到火热的裂口”。她觉得自己是观众，正在欣赏“它不断招待我们的高贵烟火”。何况边用餐还能边欣赏这壮观的风景，真是十全十美。

37. 文艺沙龙之行

卡尔·奥古斯特·瓦恩哈根·冯·恩瑟
(Karl August Varnhagen von Ense)
外交官、作家
出自他的日记
柏林
1806年7月

(在拉赫尔·列文的沙龙里)人们都极其活泼，个个都轻松自在，欺瞒虚伪绝对不可能在这里得逞。尤其拉赫尔的奔放热情，她真实无伪的精神，更是高人一等。我得到宽容，能够放纵抒发自己对法国式的不成熟的不满意见，也有人说出关于他戏剧的信息，大家戏谑地对一名法国人提供了爱情忠告，而军官本人则听了费特尔(Vetter)的民主感言。

一切都进行得十分自然。不必要的严肃被如珠妙语化解，而在珠玑隽语之后，则是理性的对话。一切都平衡融洽，充满活力。拉赫尔本人是声名卓著且满腔热忱的艺术爱好者，她的钢琴应邀融入即兴演奏的音乐旋律之中，让一切都完美无缺。我们在崇高的思维里度过美好的时光，而我也沉溺其间，独自走到星空之下，反省过去的人生，想要找出另一个像这样的夜晚，却只是徒然。我迫不及待，没过几天就又重访。

冯·恩瑟写这篇日记时才二十一岁。他是个认真严肃的年轻人。他原本来柏林是要在大学里学医，结果却把大部分时间花在读文学作品和享受当地的文化生活上。因此他才来到拉赫尔·列文（Rahel Levin）的沙龙，因为那是当时文坛最负盛名的聚会之地。他希望能在此认识作家、诗人，以及音乐家、艺术家。结果也得偿夙愿，不过他印象最深刻的却是沙龙的女主人。

列文已经三十来岁，是德国犹太人，出身优渥，和贵族交游往来。她成立这个沙龙，为了对当时的文化圈尽点心力。其实这是这个沙龙的最后一年，因为她就要离开柏林，前往巴黎。虽然这年轻人当时并不知情，但他见证的是很快就会丧失其活力的艺术圈。

在那个7月晚上，他爱上这沙龙的一切，虽然他可能比大部分的客人都年轻，也较少学识和经验，但他们让他抒发自己的想法，而并没有让他觉得自己荒唐无知。他说出了自己对法国人的不满——当时正是拿破仑战争的时代，而其他人也各自谈论他们所关切的一切。这是个珍贵的场地，横跨在公私两个领域之间，人们可以随心所欲说出自己的想法。

这些对话就像一种艺术形式，和谐而自然，充满机智，却也有严肃的意涵。这就像书写在空中的文学作品，只为那个夜晚而作。大家按着自己永不疲乏的主题即兴发挥，永远在其中找到更深刻的深度和美。他们以谈话为艺术，大家共享这门艺术，互相容忍，而并非为了炫耀或竞争。

接着冯·恩瑟注意到了他的女主人。她的钢琴小品恰如其分地让这个聚会达到了轻快的高潮，仿佛对话已经化为旋律似的，整个夜晚反映且表达了列文的个性（他们两人在数年之后缔结鸳盟）。他步出户外仰望苍穹。今夜柏林上空的星光似乎更加灿烂，连天体都和这和谐的夜晚同步。他反省自己这一生最幸福的时光，竟发现没有一刻比得上现在。生命已经向他展现了它所能给予最美好的事物。

38. 通往古代的出入口

本杰明·西利曼(Benjamin Silliman)
科学家
出自他的日记
伦敦
1805年6月12日

在(大英)博物馆前的庭园，在临时搭的小屋里……直到它们可以移进如今为了迎接它们而兴建的建筑物之时，由梅努将军(General Menou，拿破仑手下的将军)在亚历山大里亚(Alexandria)取得的这些知名古物……其中有几座罗马的雕像……一个古老的方尖碑和几个图像，应该是代表埃及女神伊西斯(Isis)。不过在这些珍奇的古玩中，也发现了许多雕刻精美的石棺。

石棺中，体积最大、装饰最华美的，应该是存放亚历山大大帝遗体的外棺。虽然我不由自主相信这应该是事实，但另一方面，对于人类的野心，尤其是对辉煌军功的渴望，我也学到了教人谦卑的一课。

我抱着同样的心情，又看到一些在坎尼会战（battle of Cannae，发生于公元前216年，是罗马和迦太基的重要战役）地点发现的武器收藏，想必是属于在那著名对决的双方所有。另外还有一些戒指、手指头和耳朵用的装饰品，应该是坎尼之役的士兵所戴。虽然对古代器物如此热忱而不切实际的欣赏，免不了会招来讪笑，但当我们明白这些戒指曾经戴在罗马人的手指上，这个头盔曾保护迦太基士兵的头颅，这支矛曾由罗马人手中掷在胜利的汉尼拔面前，实在无法不动容。无数的罗马瓶罐也激发了同样的情感；曾经盛过他们的酒的双耳细颈酒壶，尤其是不幸的赫库兰尼姆古城遗物。这些物品中包括了容器、瓶罐、神像等等，其他物品还包括他们所用的门铰链。看到这辉煌国度货真价实的遗物，研究古物的强烈冲动不禁油然而生。

本杰明·西利曼来英国深造时，年纪是二十五岁。他原本在母校耶鲁大学担任法律助教，但当时的耶鲁校长提莫西·德怀特（Timothy Dwight）希望他重新进修，取得教科学的资格。西利曼先在费城学习科学，接着又到英格兰和苏格兰寻访科学家为师。他回到耶鲁后的确开始教化学，并且协助耶鲁创办医学院，并推出《美国科学期刊》（*American Journal of Science*）。

在这个六月天，西利曼造访了伦敦的大英博物馆。当时博物馆虽然只有五十年历史，但馆藏却有许多宝贵的古物——尤其是埃及的木乃伊，因法国梅努将军1801年于亚历山大投降而落入英国手里。当时博物馆正在重建，以便增加展览空间，而这些宝物就存放在临时搭建的小屋之中，“以防风吹雨淋，直到它们可以移进建筑物里”。

西利曼一开始是以超然的眼光浏览这些石棺，但逐渐的，他的心里起了骚动，他先想到亚历山大大帝（其实这并不是他的棺椁），接着他开始想象在坎尼会战中拿着这些武器，戴着这些戒指和头盔的士兵。他看着这些戒指和装饰品，思索“当我们明白这些戒指曾经戴在罗马人的手指上……实在无法不动容”。它们必然是备受珍视的财产，而他也可以体会头上戴着头盔，或者手上拿着矛的重量。

他感到愈来愈激动，他爱这些小东西，比如瓶瓶罐罐和双耳酒壶，甚至来自不幸的赫库兰尼姆古城民宅的“门铰链”。原本毫无生命的物品在他的想象中复活了，那是早已逝去的人所用的事物。他不只用脑也用心在观赏，“无数的罗马瓶罐也激发了同样的情感”。他很高兴见到这双耳酒壶，因为它“曾经盛过他们的酒”。在体验过去的生活时，他感受到鲜活的生命。

39. 风景画

埃玛·威拉德（Emma Willard）
教育家
出自她写给妹妹的信
巴黎
1830年12月18日

如果我告诉你今天早上我到卢浮宫去看画，你可能会以为我出来时会十分狂热兴奋，因为你知道我对画的喜爱。我在长廊里缓缓前行时的确满怀欣喜，并且感到种种不同的情绪，正是整个景象设计引发的：欣赏—厌恶—怜悯—反感—尊敬和欢笑……而除了这些，还有强烈的非难；这些情绪轮流涌现，在我心里混合……但我敢说，我会常去画廊，但我会学着挑画看，就如我对巴黎一样……我控制自己的眼睛和心灵；看我喜欢的，跳过其余那些，仿佛它们并不存在。

（在卢浮宫）进大展厅之前有两个较小的展示间，挂满了画。我特别欣赏其中一幅风景画。在鲜活流水一旁的青草和树丛中，新鲜的朝露迎着第一线晨曦，映照出灿烂的光辉。

埃玛·威拉德是美国女子教育的先驱。她在佛蒙特州米德尔伯里（Middlebury）创立了女子学院之后，又于1821年在纽约上州创办了特洛伊女子学院（Troy Female Seminary），提供在当时可说是革命性的课程内容，为年轻女孩提供多样化的教育，尤其强调自我表现，争取与男生同样的权利。威拉德的做法独树一帜，特别着重文化和创造力，在以死记背诵为学习常态的当时极不寻常。

1830年，她已经年逾四十，她的丈夫在五年前去世，如今她要赴欧洲会晤其他的教育家，并参观伟大的博物馆。她认为自己热爱艺术，因此抵达卢浮宫时，写信给妹妹说，“你可能会以为我出来时会十分狂热兴奋”，她自己也以为如此。她环顾卢浮宫里伟大的收藏品，深感兴趣，“我在长廊里缓缓前行时的确满怀欣喜”。

但她却受到一股矛盾的情绪冲击。她不喜欢神圣和世俗的图像混合在一起，有些画作叫她震惊，其他的则让她觉得荒唐。她决定学习选择性的欣赏。

接着她的视线落到一幅画，挂在比较小的展览厅中。“我特别欣赏其中一幅风景画”。所谓风景，她指的是一种画风，同时也是画面的景观。在威拉德进入静谧清晨的画中世界时，她感到了平和的心境。

她忘掉了周遭的一切、自己的道德判断，只任自己的想象力徜徉。当她注意到画中的细节，“在鲜活流水一旁的青草和树丛中，新鲜的朝露”，一切开始栩栩如生。她感觉到太阳升起，光线让这幅景物映照出“灿烂的光辉”。在愤怒和分心之后，她的快乐更深刻。画中的流水在她眼中变得晶莹鲜活，因为它们仿佛有了动态，而它们也像性灵的水流，带着活力和新生进入这狂喜的观画者心里。

这属于她私密天地的闲暇时光对她的教育憧憬有所贡献，要引导年轻女孩认识“那艺术让我们要学习大自然，模仿她，并且点燃品味潜伏的火花——对她的美有所感受，直到变成对作者的崇拜，并且对所有的作品都产生纯净的爱”。她已经超越了当时教育正统观念那种技术上的欣赏，这是她想要与她的女学生所共享的艺术憧憬。

40. 月光下神奇的光和烟火

简·诺克斯(Jane Knox)
延迟度蜜月的新娘
出自她的日记
罗马
1819年4月11日

去看在圣彼得(大教堂)举行的大弥撒，却无法驻留全场，但我们看到教皇由前窗举行祝福式，他两度赦罪，这景象教人感动，群众数量众多无比。晚上我们去看圣彼得大教堂点灯。我们乘着马车占好位置。起先只有部分点灯，并不精彩，但八点时整个景象几乎同时起了变化，成为最灿烂夺目的景物，这是由米开朗基罗运用巧思所制作的机械所控制。每一盏灯都覆盖了油纸，油纸除去之后，放在中间的火炬就突然点燃。看完之后我们马上朝圣天使堡(Castle of San

Angelo）出发，但人群实在太多了，我们直到近十点才赶到，我们到了一扇窗前，看到了烟火，它们美妙得我无法用言语形容，无法想象比这更美的事物。接下来我们步行去山上天主圣三教堂（Trinita dei Monti，文艺复兴时代的教堂），由高处看灯光。月光虽然明亮，却一点也没有破坏灯光的效果。

简·诺克斯出身于苏格兰的贵族家庭。她的先生埃德蒙·诺克斯（Edmond Knox）亦是贵族之后，排行老二。简出生于1790年左右，闺名为简·索菲娅·霍普-维尔（Jane Sophia Hope-Vere）。虽然出身高贵，简的童年却很艰苦，父母把她送去给陌生人照顾，他们待她很苛刻。她在赴伦敦之行中邂逅了埃德蒙，立刻受到这位年轻海军军官吸引，在1813年6月13日记录说："我和诺克斯上尉在教堂前谈话，并且和他私订终身。"他们同年结婚，但因他必须出航，因此直到1818年冬，两人才展开欧陆长途"蜜月"之旅。

这个1819年4月11日的夜晚，她记录的是他们的意大利之旅。起先这对夫妻行色匆匆，他们“无法驻留”圣彼得教堂听完全场大弥撒，或许是因为弥撒花的时间比他们想象的长。

等到夜幕低垂，他们又回到圣彼得教堂，要看教堂亮灯。他们选了个好位置把马车停好，好看得清楚些。但一开始，简很惊讶只有“部分点灯”，备感失望。他们一路行来，目的就是那壮观的灯海，他们预期会有难得一见的华丽景观，没想到灯光如此暗淡而普通。

八点的钟响了。在一刹那间，大教堂迸出光芒，“灿烂夺目”。这个变化也让她的情绪立刻改变，她的世界里里外外突然被点燃。她不再急匆匆地感到不满足，而是目眩神驰。

接着，已经感到快乐的这对伴侣出发去看另一个不同的景观——圣天使堡的烟火。这回人潮又挡了他们的路，让她不得不抱怨“人群实在太多了，我们直到近十点才赶到”，最后简找到一个好地点看这预期的烟火，“美妙得我无法用言语形容”。现实经常及不上她期盼的世界，终于有一次超越了她的期盼。

这对夫妻继续步行前往知名西班牙台阶（Spanish Steps）上的山上天主圣三教堂。由那里，他们可以看到下方的都市灯光，和上方的月光。她心中疑惑着月光会不会“破坏灯光的效果”，带来阴霾，但在这快乐的夜晚，它“一点也没有”影响到灯光。

在经历艰苦的童年，接着又与航海的夫婿分离多年之后，简终于能够在这有丈夫为伴的探险之旅中，以平和的心情欣赏这伟大城市的旖旎风光。

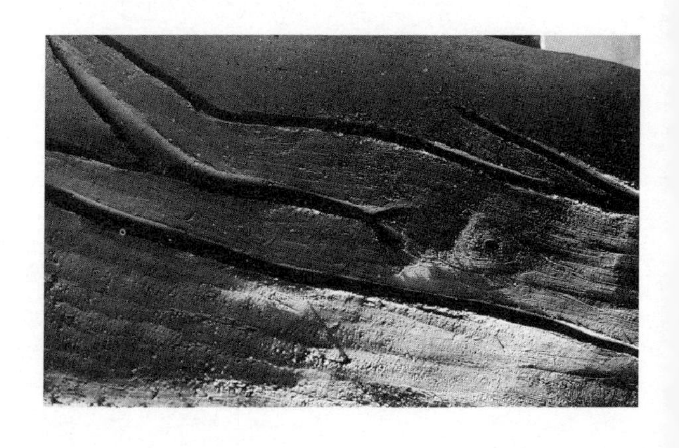

第6辑

大自然

41. 溜冰之乐乐无穷

乔治·海德（George Head）
军队军官、探险家
出自他的旅游日志
加拿大安大略省佩内坦吉申（Penetanguishene）
1815年3月6日

到了早上，整个乡间的景物起了彻底的变化。雪地已经被如玻璃一般的冰面覆盖，整个水湾几乎全部冰封。前一天清澈的水面，如今形成巨大而众多的池子……由于夜晚并没有风，因此冰凝结得透明而实在。我没有穿鹿皮鞋，而是套上一双已经很久没穿的普通鞋子，然后走下水湾，坐在一块大石头上，穿上冰鞋。这是个可爱的早晨，阳光灿烂，霜也特别厚。不到几分钟，我就迅速向前，滑到对岸。运动的热情、冰鞋"咔嚓咔嚓"的声响，再加上清新空气产生的感受，融合并装点着此情此景的新奇，因为我在延伸到整个水湾四面八方的冰面上，享受无拘无束的自由。周遭的每一样物体都未曾探索，而我却得到了途径，仿佛乘着翅膀，由一边滑到另一边。我已经被束缚了数周，自来到树林之后，受到天气所限，整天冻僵似的坐在马车上。有很长一段时间，我未曾觉得彻底的温暖，只能勉强忍着寒冷，而且脚上的袜子几乎整天都没干过。我的血液现在完全循环了，而我对周遭一切的兴趣如此浓厚，直到太阳都照上树顶了，我才想到要回住处。

乔治·海德写这篇日志时三十多岁，他是个英国军官，曾在威灵顿将军（General Wellington）麾下于半岛战争（Peninsular War）中和拿破仑对战。1814年，他升任军需部助理军官，负责供应威灵顿将军在西班牙第三军团的军需。接着，1814年10月，他奉派前往加拿大新斯科舍（Nova Scotia）的哈利法克斯（Halifax），并于11月底抵达。“圣劳伦斯河道已经因冬日而封闭”，他走陆路来到严寒的魁北克和约克（多伦多），而他的目的地是佐治亚湾人烟稀少的垦殖城市佩内坦吉申，“政府打算在那里设海军和陆军岗哨”。

1815年2月28日，他们一行人“来到格洛塞斯特湾（Gloucester Bay），并由那里抵达佩内坦吉申”。那天让他感到满足并且松了口气，“来到这里，我终于到了！”他们在一天之内越过冰冻的大地，跋涉了很长的路程，但这种解脱感不久却又被不适取代，“一步出雪橇，我马上就浑身湿透，因为腿的下半部陷入了融化的雪”。他们来到一堆小木屋聚落，接下来的日子里，他也会建造自己的小木屋。他十分辛苦，自己也拿着斧头和工人一起砍树。

在经过这段日子的辛劳之后，海德在3月6日一起床就发现整个世界因“如玻璃一般的冰面”而改观。他感觉到这个日子的特别，因此休息了一天，并且“走下水湾，坐在一块大石头上”，好穿上他的冰鞋。整篇日记都是对那“可爱早晨”独特气氛的体会欣赏。他起身滑过冰面，一切的辛劳疲惫都由肩头卸下，“不到几分钟，我就迅速向前，滑到对岸”。他暂时放下自己的军事职责，享受“运动的热情”。小小的事物让他留下了深刻的印象，比如冰鞋“咔嚓”的声响。这位认真负责的军官终于享受到片刻“无拘无束的自由”，纯粹的欢喜。

42. 有趣的短耳鸟

吉尔伯特·怀特（Gilbert White）
副牧师、自然学者
出自他的日记
英国汉普郡塞尔伯恩（Selborne）
1791年8月27日

一只短耳鸟今天黄昏以极不寻常的有趣方式现身，绕着我那株朝四面八方伸展的大橡树，一圈又一圈俯冲了二十次，大多都是贴着草地，但偶尔朝上穿梭在树枝之间。这有趣的鸟儿其实是在追逐树里一窝特别的蛾（phalaena）。这种短耳鸟有数种；在此际展现了我认为比燕子还高明的翅膀控制力。

当有人在晚间接近短耳鸟的栖处之时，它们会不断在入侵者的头上盘旋，并且用力把翅膀集结到背部上方，摆出鸽子常有的打击动作，猛力拍打，或许是因为担心它们的雏鸟而以此动作威胁和警告。

短耳鸟喜爱橡树，无疑是因为食物之故；因为第二天傍晚我们又看到一只，在同一株树的枝干间穿梭数次；不过它并没有像前一晚那样，在草地上绕着枝干飞。这些鸟5月在橡树上找到了鳃角金（Scarabeus Melolontha），仲夏则是夏季金龟（Scarabeus Solstitialis）。在一天二十四小时之内，只有两小时能观察到这种鸟类；而且是在日落之后一小时和日出之前一小时这两个朦胧薄暮和晨光之际。

吉尔伯特·怀特是英国南部塞尔伯恩村的教区牧师。早先他是牛津大学奥里尔学院（Oriel College）的研究员，也是数个教区的牧师。如今他垂垂老矣，在同一个地方已住了三十年。他是知名的业余自然学者，多年来一直在记录当地的鸟类和野生动物。虽然他的书《塞尔伯恩自然史》（*The Natural History and Antiquities of Selborne*）日后成了书写自然的经典名著，但他却是在浩瀚的私人日记中，留下了最完整的周遭世界日常变化的记录。

在1791年这个8月的黄昏，暮色逐渐低沉，对他来说，这是一天当中的好时光，因为他爱观察熟稔的乡间树上、田野和篱笆上的鸟类。他一直都仔细记录来来去去的各种鸟类品种。

这个黄昏，他漫步朝一棵他喜爱的树木走去，“朝四面八方伸展的大橡树”离他家有一段距离。他在田野里看到了这只短耳鸟。他非常专业地辨识出它的品种——短耳鸟。他对它们了若指掌，也知道它们会突然扑向闯入者。

但他不只对分辨鸟的类别有兴趣，也能认出个别的鸟和它们的个性，像他在这个夏天黄昏所碰见的这只“有趣的鸟儿”。他发现它有独特的个性，但并没有把它想成人类，忘记它真正的本性。

他静静地站着，看着这鸟“一圈又一圈俯冲”，绕着大橡树，仿佛着了魔似的，低低地盘旋，最后才突然向上飞起。怀特深受吸引，他明白这有趣表现背后的动机，树里有一种蛾，是短耳鸟的美食。

这个快乐的时刻是知识和想象力之间完美的平衡，它“在此际展现了我认为比燕子还高明的翅膀控制力”，尤其在一天二十四小时之内，只有两小时能观察到短耳鸟，使得怀特更加感动，这是一日将尽的珍贵恩赐。

他全神贯注，享受这田野中短耳鸟的实体，而并不打算以任何方式捕捉它。他感受到与它的情感联结，为它的自由和飞翔之乐而爱它。

43. 大片冰封的水

威廉·惠威尔（William Whewell）
科学家、哲人
出自他写给朋友的信
瑞士瓦莱州（Valais）
1829年8月18日

由罗讷冰河（Rhône，位于瑞士瓦莱州）的景观……我了解到大自然对瀑布的形状情有独钟，但为了某种理由（可能是为了防止下方的山谷被淹没），它把瀑布一造出来就结成寒冰。你可以想象半英里（约800米）宽、1000英尺（约300米）高的瀑布，由崇山间一注落下，这个规模的瀑布已然十分壮观，并且终年积雪不化。你可以想象这一大片冻结的水，一旦坠落到山谷就沸腾起来，漫溢而出，一边向外延伸，一边流在更宽广的空间上。接下来你再度挥舞想象的魔杖，把洪水都化为冰面，那么你现在所见的就是罗讷河冰河。你可以想象融合在其中的这些急流和水面，构成奇特而美妙的冰块金字塔，其中有深沉的蓝色缝隙……在8月早晨美丽的蓝色天空下，面对面看到这幅美景，是有益身心的好方法。

威廉·惠威尔1794年生于英国兰卡斯特（Lancaster），为木匠之子。1811年，他获奖学金赴剑桥大学三一学院就读，在大学部表现优异，于1817年成为学院研究员。他在多个领域都颇有才华，尤其是数学，也与其他数学专才结为朋友，如计算机原型的发明人查尔斯·巴贝奇（Charles Babbage）。惠威尔著作丰富，涉猎广泛，最早的书籍是谈物理和地理；1828年，也就是在这次赴瑞士阿尔卑斯山的前一年，他成为剑桥大学的矿物学教授。

惠威尔于1829年7月4日动身赴欧陆度暑日，先赴德国的科隆（Cologne）和达姆施塔特

（Darmstadt）和其他科学界的同僚讨论交谈，并赴科隆大教堂等景点游览。

接着他展开登山冒险。他记录自己“每天在阿尔卑斯山最高处步行20至30英里（约32至48公里）”。一天，他来到“罗讷河发源的冰河”，这让兼具地质学家和游客两种身份的他兴奋不已。

在这封信中，他向任神职的朋友休·罗斯（Hugh Rose）承认他很渴望看到瀑布，而这个希望也以出乎意料的方式成真。惠威尔面对着一望无垠的冰河，想象阿尔卑斯的急流变成冰，以免下方的山谷遭淹没。

身为地质学者的惠威尔对于眼前的地貌怎么形成的很有兴趣，他把眼前的景物看成是肇因于遥远的过去；但这封信是亲密而非正式的信函，因此他并没有提出冰河成形的理论，反而请朋友挥动想象力的魔杖，首先召唤出让人惊心动魄的巨大瀑布的景象，接着把这水流幻化为冰和雪。他鲜活描述“这一大片滔滔流水”冻结之后

“坠落到山谷就沸腾起来，漫溢而出”，在山谷中蔓延，创造出“美妙的冰块金字塔”。

惠威尔虽然没有明说，但他部分的意思是：这世界原先的模样看起来和现在不同。许久以前，地球曾经历过剧变的岁月。地质学在18世纪最初十年有可观的进步，如今这位作者挥舞的神奇魔杖，展现了源源不绝的想象力。他的文字背后有无限的知性满足，因为他所研究的领域有如此独特的证据而感到喜悦，对现代大陆和群山、深谷和河流的史前过去有所知而产生的喜悦。

在瑞士的阿尔卑斯山，这是消磨暑日时光的美好方式。阿尔卑斯山有最巍峨壮观的风景，也是地球本身历史的伟大遗址——这一天因为体会和了解自然界，而充满了欢喜。

44. 乍见群峰

露西·拉科姆（Lucy Larcom）
教师、诗人
出自她的日记
缅因州
1860年8月

上山的路上下了雨，但却使得旅途更凉爽舒适；等我们抵达峰顶时，太阳由西方出现，可以看到地平线整个连绵的山峦，仅仅那一瞥，就足以让我抵消远行的辛劳，我也将永志不忘那惊鸿一瞥。蓝山的圆顶和鞍背山（Saddleback）和亚伯拉罕山（Abraham）更陡峭的山峰拔地而起，高耸在除了这些高山之间，在任何地方都足以称作山的低地之上，随着日落而色泽渐深的紫，益发显得遥远而神圣，其上天空高悬，如火焰般金黄，混杂着阴影。乍看的一眼必然会比之后的印象更美好，虽然我攀上桑迪河（Sandy River）的可爱河谷，即使它不是天堂，也像天堂一样让人忆起赞美诗的歌词："甜美旷野碧草青青，欢喜之河流经。"

1860年夏，露西·拉科姆三十六岁。她幼时丧父，不得不到马萨诸塞州洛威尔（Lowell）的工厂工作。不过由于她童年就表现出诗人的才华，获得旁人的协助，最后取得教书的学位。几年来她一直都在故乡马萨诸塞州的一所中学担任教师，也在颇负盛名的文学杂志上发表过一首诗作。

她从未见过缅因州的这些山峦。先前她在19世纪40年代曾离开马萨诸塞州，赴伊利诺的一所学校教书。但现在放暑假，使她能看到这些新的景物，而她也喜爱这种新鲜的经验。

在那个八月天，上山时下了雨，但这反而使旅程更轻松。近傍晚时分，她"抵达峰顶"，夏阳适时出现。

在那乍现的阳光中，她头一次看到了远方

的“连绵的山峦”。虽然遥远，但全景却一气呵成，在她脑海中留下了一个画面，在中央是令人叹为观止的“蓝山的圆顶”。

整个景物全都聚在一起，就像成对的事物一样，圆和尖，高和低，亮和暗。她很高兴整个世界同时呈现在她的眼前。

拉科姆知道“乍看”群山必然会比之后的印象“更美好”——她“永远不会忘怀”第一印象。稍后她又在思索“还有什么景象能比得上长满树林的山坡围着如茵碧草，连绵起伏，直到隐没在昏暗的蓝色远山之中？”然而次日她的确试着重燃原先的激情，并且更接近其中的一座山峰，“我爬其中的一个山爬到半路——蓝中最蓝的一座，因此特别称之为蓝山”。然而她的体验却并不完全一样，因为“对我来说，远望总是更动人，更发人深思”。在假期的最后一天，她再度经过第一个傍晚所见辉煌的景点，不由得“希望重现最初的喜悦。但远山雾雨缭绕，雷雨由那里朝我们的方向扫来，横跨辽阔的山谷”。

然而还有最后的赐福，“正当我们转身要离开那片刻，蓝山偏巧掀开了它的雾顶，仿佛向我们道别”。她现在能在记忆里想象这山，“总而言之，这是最迷人最令人安慰的印象，足供我未来回忆：花朵盛放的山坡，金黄色麒麟草、白色蜡菊和紫色柳兰的小园地，在枫树、枞树和优雅的铁杉环绕之下；以及山坡和流水边佃农的家的景象”。原先那一刻的神奇深深驻留在她心里，安然保存，“我的眼睛得到休憩，我的心深感欢愉”。

45. 知名老松

松尾芭蕉（まつおばしょう）
俳人、旅者
出自他的《奥之细道》
日本岩沼市武隈
1689年夏

一见武隈松，顿觉眼亮心开。根出地表，即分二株；风姿依然如昔。因忆能因法师。往昔，有左迁陆奥守之人，砍伐此木为名取川桥桩，故有“此来松无踪”之咏。据云，代代或砍或重植，而今仍具千岁风貌，古松景致，可喜之至。*

* 本段译文节选自郑清茂译注之《奥之细道》（联经）。

1689年5月，松尾芭蕉动身上路，这次的旅行历时九个月，游历了日本的东北，经过森林和海岸。当时四十多岁的他已经是知名的俳谐大师，这是一种结构严谨的简短文体，如今也传诵全球。不过松尾芭蕉出身并不富裕，亦无权势。他的兄弟都是农民，父亲则是低阶的武士，而他自己原为地方领主的侍童，直到领主去世才获自由。他后来迁到首都江户，在那里教学并写俳句。

1684年，他头一次外出游历，并且以独特的旅游日志做了记录，夹杂了俳句和叙述文字，颇有个人色彩。这些旅行在他的生活中日益重要，他称之为“旷野纪行”，以便和朝拜之旅区分。他形容自己非僧非俗，介于鸟鼠之间，就像人形的蝙蝠一样。

1689年这趟旅程前段的重点之一，就是他去欣赏这闻名已久的松树。他早就知道这株松树，而现在他就在这里，他爱眼前这真正的树，一如古文上所描述的一样，单一的一条根分成了两株树干。

正当他站着凝视那棵树时，不由得心跳加速，他的记忆中满是人声。先前另一位俳人能因法师也曾来观赏武隈松，却看到多事的地方官“砍伐此木”作为桥的支架。如今经过许多世代，树木长出新的枝干，双生树干再度矗立在此地。

松尾芭蕉还回想到较近的一个声音，是朋友在他出发时祝他一路顺风的声音，朋友以俳句强调松尾芭蕉应该去欣赏这棵武隈老松，如今愿望已达成，松尾芭蕉也以俳句应和作答。

在松尾芭蕉看来，置身大自然之间的快乐千年不变。他站在眼前这棵宏伟的老松面前，不只是与大自然，也和他的祖先同在。在自然中的欢乐是连接不同生命的线缕，而的确这种相互的连接或许就是这感受本身必要的成分。

46. 瀑布的奇妙雾气

约翰·戈尔迪（John Goldie）
植物学者
出自他的日记
安大略省安大略湖附近
1819年7月8日

我今天走过的乡野状态都已经稳定，土质也很好，但倾向沙地。在这一天里，我越过三条壮观的溪流，位置比邻近的土地低很多；溪岸既高又陡，因此当初兴建道路时必然十分困难。这条路主要是木头所造，抵挡河岸削下来的土而形成一道屏障。大约走了28英里（约45千米）之后，我来到安大略湖的西边，注意到的第一个景象是，湖的对岸好像有一大片烟雾；等我得知那是大瀑布喷起的水雾之时，可以想象我是多么惊异，可说是大喜过望。这片水雾十分明显，好像距离并不远。在静谧的清晨和黄昏，在这直线距离30英里（约48千米）之处，瀑布的声音清晰可闻。

约翰·戈尔迪在尼加拉瀑布度过这精彩的一天，当时他年近三十。他在苏格兰艾尔郡（Ayrshire）的一个小村庄长大，不过他并没有走上父祖辈小农的路子，而是在格拉斯哥植物园接受植物学和园艺的训练，这让他获得足够的经费，得以赴北美旅行，研究植物和地质，采集标本。他最后完成使命，送了许多样本回到约瑟夫·班克斯（Joseph Banks）爵士在伦敦附近建立的丘园（Kew Garden，英国皇家植物园），但在一开头，这趟旅程十分辛苦。

他在1817年6月出发，航往北美，抵达新斯科舍的哈利法克斯（Halifax），然后前往魁北克，展开他的植物学调查。他教了一阵子书，如今，1819年夏，他沿着由蒙特利尔到匹兹堡的路探险，在这里的工作十分成功，他找到许多稀有的植物。

对戈尔迪而言，这依旧是段艰苦的行程。他现在在安大略湖西岸，经历了另一个“不舒服的夜晚”，被蚊子烦扰，住的旅店也不满意。不止如此，一早起来，他又得开始辛苦跋涉（他得步行，而且还要扛着沉重的行李和设备）。而他也巨细靡遗地以科学和植物学的观点记录这段行程。他实事求是地记载这土地“倾向沙地”，而且因为溪流很深，因此很难建造好的道路。这时他的心情渐渐好转，对人类克服艰险环境的意志力和巧思充满赞佩之情。他是个喜欢展望未来的人。

但截至目前，在身为植物学者的他看来，依旧还是寻常的一天，直到他突然注意到“湖的对岸好像有一大片烟雾”。会不会是大片的野火？这样的悬疑后来却化为“多么惊异，……大喜过望”，原来那是尼加拉瀑布*。他本来在这一天开始时很颓丧，如今却感受到罕有的欢欣鼓舞，把所有的不快都抛诸脑后，进入了神奇之地，烟云化为雾气然后变成水滴。现在他很高兴自己能在那个地方。

两道瀑布依旧躲在地平线外，只有水雾显示出它们的力量，接着他也知觉到它们的声音就像永恒的雷声。他并不容易感受到事物的美妙和大自然的欢愉，因为科学的平静沉着让他不常有这样的反应。未来他会为搜寻其他的植物样本而远赴俄国，但最后他还是带着家人回到西安大略定居。“大瀑布”让他终生恋恋不舍。

---

* 尼加拉瀑布实际上有大小两个瀑布，小的是美国瀑布（American Falls），大的是马蹄瀑布（Horseshoe Falls）。

47. 元旦的天与地

服部岚雪（はっとりらんせつ）
廷臣、俳人
日本京都
约1700年

元旦来临了！

万里无云晴空好，

麻雀枝头啼。

大约1700年，服部岚雪是日本俳句数一数二的俳人，擅长描写景物树木、变化不断的天空和人生的体验，无人能出其右。虽然他的生平鲜为人知，不过有记录说，就连他闻名遐迩的老师松尾芭蕉也很欣赏他的作品。

服部岚雪写下这首俳句，勾勒出日本元旦的景象。他当时约五十岁，而且后来也只活了几年就去世了。但在这些言词中，他表达出对未来乐观的情绪。由于白天慢慢愈来愈长，因此他既是对这种自然界重生的景象做出回应，也是对一年一度新的开始展开礼赞。

首先他以最简单的方式记下这一天，日历上的日期，官方的时间。这是欢欣的日子，就如他先前曾经多次庆祝过一样。

在这个事实的记载之后是个感叹词——“了”仿佛他掌握住元旦这一刻的正面氛围一样。

这个表达语再基本不过（日文仅用一个音节），因为大自然和人类都再一次迈向下一季，而呈现最纯粹的正面情绪。

他思索这一天的情绪，观察这一天的世界，这基本而几乎纯净的“了”一直在他心头，他吸收了它所产生的反响。抬头仰望，天空万里无云，地平线那方清澈明朗，只有一片蔚蓝的苍穹和新年的第一缕曙光。万里晴空是他质朴纯真感受的另一层面，天空浓缩到只剩下核心。

接着，由高处向下到微小的事物，在浩瀚的天空景观之后，服部岚雪的注意力转移到眼前的小雀鸟，它们就像人一样，叽叽喳喳不停地在做“雀鸟的对话”，仿佛它们共享了新年的活力和热忱。

这一刻在俳人眼中共有三个部分：辽阔而寂静的天空、啁啾不停的小鸟和知觉到这三部分的他自己。在他把一切纳入眼中之时，它们也在脑海中融为一体，向他表现出这欢庆之日的本质。

传说服部岚雪暮年皈依佛教成为僧侣，可能是因为老师松尾芭蕉之死所致。如果这首俳句成于1700年左右，那么服部岚雪也只能再度过几次元旦——他于1707年去世。在这里他呈现的是清澄的憧憬，反映出当时那一刻的清朗天光，成为单纯接受的完美承载体，活生生的世界经历岁月光阴流转的周期而继续存在，而感到质朴纯真的幸福。

48. 世界的巅峰

爱德华·普赖斯（Edward Price）
艺术家
出自他的旅行日志
挪威孔斯沃尔（Kongsvold）
1826年9月

我一大早就离开德福斯顿（Drivstuen），骑马到孔斯沃尔……其中有一段道路非常险峻。在孔斯沃尔附近，崎岖的岩石河床深邃、荒凉而幽暗，正说明了这景色源头的景象；就连石头上也长满了驯鹿苔而呈灰白色，而在挪威河边如影随形的枞树，则因山谷的幽暗而更显深沉。由孔斯沃尔到杰金（Jerkin）的旷野荒凉而崎岖，一路都是上坡，直到最后离驿站不远之处才平缓。整个早晨，天空无云而霜冻。等我抵达杰金，就要求早餐之后找位向导，陪我上斯诺赫塔山

(Snøhetta);马上得到许诺，向导牵着小马等在一旁，还有两支长棍，是要等我们抵达雪地时使用的。我们约在上午10时出发，而且往最高点的距离简直(短得)不值一提，让我想在山顶上欢呼，并且当天就回到杰金。上午有一股清新之感，令人振奋。雅致的青色山脉、皑皑白雪、占据整个空间的泥沼和棕褐色的草本植物恰成对照。

爱德华·普赖斯生于1801年，是英国风景画家，曾随知名的风景画家约翰·葛洛夫(John Glover)习画，葛洛夫1823至1824年在伦敦开画展时，曾收入一些普赖斯的作品。普赖斯想要制作一些插画小书，并且来到风景如画的挪威山麓初试身手(在这本挪威的画册之后，他也发表了英国湖区和山区的画册)。普赖斯同时也记载了在那特别的一天——他在奥斯陆北方200多英里(约320公里)多夫勒(Dovrefjell)山的感受。

这一天，他由德福斯顿一间古老的山间客

店出发，接着由孔斯沃尔和杰金的其他客店继续前进，这是一条陡峭甚至算是危险的路。他来到一条“荒凉”河流的河岸，在这里，就连石头上“也长满了驯鹿苔而呈灰白色”，整个气氛既险象环生又生机勃勃，在平凡都市生活的英国旅客眼里，充满着浪漫的魅力。晨间的天空“无云而霜冻”。

接着在杰金吃早餐，他也在此安排攀登斯诺赫塔山的事宜。他需要一位向导，等他吃完早餐，向导已经在等着他了。他记录说向导牵来了小马“还有两支长棍，是要等我们抵达雪地时使用的”。这一切对他来说都十分新鲜。

他们“大约在上午10时出发”，他抬头仰望山峰，心知要攀爬很长的时间。接着他却体验到单纯而快乐的一刻，远远超越当天所感受到平凡的欣喜。因为在明亮的晨曦之下，白雪覆盖的山峰似乎近在眼前，“而且往最高点的距离简直不值一提”，他很快就“想在山顶上欢呼”。他觉得山顶一蹴可几。

其实普赖斯花了数小时，才抵达看起来如此之近的山顶。他和向导在河边粗糙的灌木丛中跋涉，终于来到积雪变厚而空气变得稀薄的高地。经验丰富的向导恳求他回头，但这位英国画家却不为所动。他们在暮色中抵达山顶，四面八方的景色让他觉得心满意足，“峰峰相连，有的雪峰还有光，有的却已经陷入暗影之中”。然而下山却耗尽了普赖斯的体力，他躺了下来，向导不得不点起火来，临时搭建营地。到了早上，普赖斯才得知有狼在附近徘徊！

然而登山之前的那一刻依旧鲜明。通常普赖斯很一板一眼，他总是计划、观察，再记录一切。但在这里，在挪威的旷野中，他想象自己站在最高峰的顶上，不由得迸生了快乐。在那神奇的刹那，这年轻的艺术家和世界的顶端没有丝毫障碍。

49. 美好的白色海滩

汉娜·卡伦德（Hannah Callender）
年轻女郎
出自她的日记
纽约州皇后郡
1759年4月

由那里，我们骑马赴海滨。沿岸细白的沙土硬到骑在上面根本没有在沙滩的感觉。我们骑了几英里，有时踩进波浪里，迎面而来的大浪仿佛就要淹没我们一样。山坡上有烽火，在敌人入侵时可作警示。我们看到一些船只出海，海上仿佛洒布着绿色的光。什鲁斯伯里（Shrewsbury，在新泽西）的山坡出现在远方。大家骑行得如此愉快，骑术如此出色，要是参加赛马的话一定能赢得很大的赌注。接着我们挥别有生以来见过最辉煌的景象，再骑过一片美丽的旷野，来到牙买加（Jamaica，位于皇后郡），在那里用餐。餐后大家欢乐无比。J. R.问我是否喜爱这乡野，还告诉我附近有个地方就叫作霍斯曼丹塔（Horsemanden's folly）或展望山（Mount Lookout），围着一株大树而建，很高，可以通过蜿蜒的楼梯登上去。霍斯曼丹塔顶上铺了地板，摆着一张餐桌，可容六个人围桌而坐，舒适地喝茶。我说很想看一看，于是从这批狂热的同伴中跑开去了。我们雇了个轿车坐了进去，朝我们要去的地方奔去。没想到很快大家也都跟随而来，十八个人挤在小小的地方，使有些人感到害怕。我们可以眺望到视野的极限，看到那天早上才去过的海滩。

汉娜·卡伦德出身富裕的贵格会教徒家庭。她于1737年在费城出生。祖父母原是苏格兰的贵格会教徒，为了寻觅不那么排斥他们宗教信仰的净土，才离开英国。

但先前数十年，美洲殖民地上的贵格会教徒非常艰苦，因为在1754年，“法国–印第安人战争”（French and Indian War，1754至1763年间英法在北美的战争，印第安人与法国结盟和英国对战）开战时，讲求和平的贵格会教徒反对所有的战争，结果引起支持英国的邻人不满，进而成为他们发泄怒火的对象。卡伦德的日记记载了在庆祝胜利的“烟火大会（grand illumination）之中，贵格会教徒付出代价”。群众“打破了我们的二十扇窗户，有些百叶窗被敲成碎片”。

然而在卡伦德的日记中，那个纷扰的1759年春日却让她得到了快乐和自由。她走访纽约，被带到当地独具特色的牙买加区。

卡伦德那天一早和一群同龄的朋友一起骑马出游。他们去长岛的海滨，她立刻就看到“沿岸细白的沙土”。马匹轻松地在海滩上来来去去，沙滩“硬到骑在上面根本没有在沙滩的感觉”。

偶尔海浪拍向奔驰的马匹，大自然叫人心生敬畏。这些海浪并不只是海岸边的涟漪，当它们拍到岸上时，拥有的是整个大西洋的力量。卡伦德和朋友就沿着海与地交汇的那一条线奔驰，这地方有点危险，让她感受到冒险般的兴奋。“骑术如此出色。”她惊叹道。

纯白的沙子和起伏的波浪，遥远的山坡和附近的小丘，全都结合在一起，创造出“有生以来见过最辉煌的景象”。就连战争的提示——山坡上的烽火，都破坏不了这片刻的幸福。自然界足以暂时弥补人类的愚行。

那天傍晚，这群人来到更远的内陆，他们爬上大树顶上的眺望台。她由那里看到海滩的另一种景象，再次看到使她如此快乐的地方，提醒她生命中充满美好的希望。

50. 河的源头

威廉·特纳（William Turner）
外交官
出自他的日记
土耳其门德雷斯河（Menderes River）沿岸
1816年11月17日

我们在七点半离开（城市），两小时之内就攀上了门德雷斯河的源头：头一个小时我们骑马沿着山脚下的平原而行，而在第二个小时登上了山脚下的平原；我们主要沿着河边骑行，涉过三条由其他源头汇流的小溪；我们一路沿着河岸上方高处的小道，河水湍急，水势汹涌，激烈而狂暴……在往源头的路上，因崖上云层密布，让我们不时淋到小雨。

我们在九点半来到瀑布（源头处），周遭的景致奔放而美丽，难以用言语形容；水由岩石之中的小方孔源源不绝流出，大约以85度的角度坠落在50英尺（约15米）宽的岩床上；瀑布的宽度约10英尺（约3米）。其上岩石垂直拔地而起约150英尺（约45米），石头之间长满松树；瀑布右方是另一块也长了松树的布满岩石的垂直峭壁，瀑布的声响有一种高贵的音效，为如诗如画的景色更添风韵。瀑布右方还有其他几条水流由岩石间更小的孔隙中喷涌而出，由山的四面八方沛然不绝流下来，不过后面这几条水流只源自雨水和融雪，每逢夏日就会干涸。

威廉·特纳在土耳其担任英国外交官，他年方二十多岁，这是他的第一个职位。随后，在19世纪20年代，他曾一度担任英国驻君士坦丁堡大使，后来他在其他地方担任过一些外交职务。

特纳在君士坦丁堡的头几年曾四处游历数次，以了解这个地方。他在写这篇日记时正旅行到土耳其的中西部，来到门德雷斯河，这河还有个更出名的名字，叫作Meander，在希腊语中，这个词意为“河流的蜿蜒曲折”。荷马（Homer）的史诗《伊利亚特》（*Iliad*）就曾歌颂过这条河。特纳也和当时所有受过教育的年轻人一样，熟知古希腊的经典作品。

他们一行人向山上攀爬，愈来愈接近河的源头，这水在他脑海里也留下了更深刻的印象，他思考着这一切从何而来。雨和融雪是一个起源。抛开科学的解释，他也感受到水的冲击力量，和它奔腾的活力。

河流的主源头瀑布本身并不庞大，但在这浪漫的环境中，岩石高耸在瀑布之上，松树点缀其间，“瀑布的声响有一种高贵的音效”。在这里，水“由岩石之中的小方孔源源不绝流出”“几条水流由岩石间更小的孔隙中喷涌而出”，全都“由山的四面八方沛然不绝流下来”。这是一条大河的源头，其力量和持久性全都源自此地，由大地里面喷出，接着流下山坡。在这突如其来却又持续不断的骚动之中，涌现强大的自然力量。

这一切都让特纳在心智和感官上有丰富的体会。面对着大自然本身的创造力，他原本是为了追求理性的知识而来，如今却找到更深奥的事物——在面对生命之源的水时，体会到快乐。

第7辑

饮食

51. 举世无双的甜李

伊本·巴图塔（Ibn Battuta）
学者、旅行家
出自他的旅行回忆录
摩洛哥丹吉尔（Tangier）
约1354年

经过十七天的航行，一直都顺风，我们抵达中国。这是个幅员辽阔的国家，各种美好的事物取之不尽……你在中国可以看到很多和埃及的糖味道一样好的糖，甚至更好；你也看到葡萄和李子。在大马士革才可以吃到的李子，称作奥斯曼尼（Othmani），我总以为是天下第一；但等我尝了中国的李子，才知道自己大错特错。这个国家也有绝佳的西瓜，就像花剌子模（Khwarezm，位于今中亚西部）和伊斯帕罕（Ispahan，今伊朗的城市）的西瓜一样。简言之，我们所有的水果在中国都可以找得到，而且还胜过我们的。

伊本·巴图塔1304年生于丹吉尔，出生于饱学的摩洛哥家庭，本身也是法律及其他方面的学者，但他终生的志业是旅游，而且他也写了史上最伟大的旅游书之一——《伊本·巴图塔游记》(*Rihlah*)，谈他所去过的许多地方。

伊本·巴图塔原该过较安定的生活，但1325年他赴麦加朝圣期间，一切都起了变化。他决心要继续旅行。三十年后，他走了数千里路，终于回到摩洛哥述说自己的故事。他把许多冒险口述给一名书记员听，把脑海里这一生在远离家乡的天涯海角所探索的每一刻几乎都讲了出来。赴麦加朝圣之后，他非但没有回到摩洛哥，反而往波斯去。接着他胃口愈来愈大，先去了东非，接着是印度，在德里担任法官，他觉得那是个美好的城市。他在德里待了数年，被统治者选为使节派往中国——他眼中的传奇的国度。他第一次启程之后任务失败，他遭遇船难，没去成中国，而到了斯里兰卡。不过最后他还是抵达了旅程中最遥远的、最初的目的地。

伊本·巴图塔为中国目眩神移。他大部分的旅程都是在伊斯兰世界中游历——包括当时的西班牙、北非以及阿拉伯。到了中国，他欣赏的是在辽阔大河边的田野、玉米和果树。他对这个国家的饮食大为赞赏，中国也有糖，而且“很多”，他一尝之下，拿中国和盛产糖的埃及相比。我们几乎可以听见他在品尝两者的风味，这独特的糖先被他“嘎吱嘎吱”咬在嘴里溶化，接着再烙印在他的记忆之中。第一次吃的印象是“和埃及的糖味道一样好”，但接着他又觉得“甚至更好”。另外还有其他甜食，例如包括葡萄和西瓜在内的众多的水果。

尤其他头一次品尝中国的李子，他记得叙利亚最甜美的李子，当年他一尝之下，觉得是天下第一，但现在他“尝了中国的”，新口味叫他惊喜，甜美得无与伦比，就像人生本身的滋味。

多年之后再回顾，这样的记忆让伊本·巴图塔肯定他这辈子的旅行人生值回票价。还有谁能够品评举世最美味的李子——由大马士革到中国！他的快乐是双重的，第一是体验味道本身；接着是比较全世界美味的喜悦。他初尝中国李子的那一刻是稀松平常的，但他的整个人生都因此刻的思索而得到肯定。

52. 篷车道上的家常料理

罗迪萨·弗里泽尔（Lodisa Frizzell）
美国西部垦荒妇女
出自她的旅行日志
内布拉斯加州埃尔姆克里克（Elm Creek）
1852年5月27日

我们扎营之处很美，在埃尔姆克里克的溪岸，两棵大榆树荫下；这里青草萋萋，有很多上好的木头，还有水。由于溪水很浅，太阳大概还要三小时才会下山，因此有些人去打猎，而老医生、贝索和我则去做饭；我们很快就生起最旺的火，煮了些肉和豆子，炖了一些苹果和桃子，煮了饭，烤了饼干，还炸了一些油圈饼，而且因为我有一玻璃罐的酸奶和许多小苏打，因此我做了像在家里所做一样美味的蛋糕；等他们黄昏回来，我们大啖了一餐。

罗迪萨·弗里泽尔和她丈夫洛伊德在1852年4月14日带着四个儿子，由伊利诺伊州艾芬罕郡（Effingham County）的家出发，走篷车道去往加州，希望能在那里有更好的生活。他们的旅途要经过伊利诺伊和密苏里，然后走俄勒冈小径（Oregon Trail）到怀俄明州的太平泉（Pacific Springs），他们在6月抵达太平泉。除了篷车上的家当之外，他们还有一些牛和一匹小马。（1852年12月，弗里泽尔一家因大雪被困在北加州山上的小屋里，她才有时间记录这段冒险旅程。）

5月27日，他们在埃尔姆克里克歇脚，这地方在卡尼堡（Fort Kearney）和普拉特河（Platte River）附近。几条由更东边来的小径在卡尼堡汇集，形成一条道路，往西越过内布拉斯加到怀俄明的拉勒米堡（Fort Laramie）。在那个年代，去往西部的拓荒者在卡尼堡当地络绎不绝，几乎没有草可供动物嚼食，也几乎找不到生火的木头，因此疾病丛生。

不过对弗里泽尔而言，埃尔姆克里克却是个“很美”的地方，在“两棵大榆树荫下”有许多避荫。弗里泽尔身边有位老医生以及她的儿子贝索。她老练的眼光一下就注意到此地“青草萋萋，……有很多上好的木头，还有水”，因此忙着做美味的一餐。通常在篷车道上想升营火是艰难的事情，得先在地上挖个坑，塞满木头，而点柴火的火柴也很宝贵。不过在这溪畔，燃料俯拾即是，而且很容易点燃，她“很快就生起最旺的火”。

他们要在篷车道上行走数月，因此带了各种烹饪用具。弗里泽尔必然准备有炒锅和煮汤的容器。她就着营火，精心烹调各种菜肴，一道接着一道准备好。

首先她煮了一道俄勒冈小径上典型的餐点肉和豆子，接着她炖了水果。之后她先煮再烤，最后油炸。她写的细节充满了爱，把过去在家里的经验重现在溪畔的榆树下，四周是内布拉斯加辽阔的旷野。

油圈饼是特别制作的美食，她欢喜地列出成分：一玻璃罐的酸奶和小苏打。一切都做好之后，她忍不住得意洋洋，因为“我做了像在家里所做一样美味的蛋糕”。她克服了困难的环境。其他去打猎的成员终于回来了，她让他们“大啖了一餐”，心满意足。至少在这个晚上，可以忘却这段旅程的危险和不安。

53. 一位哲学家对人生的最后品味

赫尔米普斯（Hermippus）
伊壁鸠鲁（Epicurus）的门生
出自他写给朋友的信函
希腊莱斯沃斯岛（Lesbos）
公元前270年

他（伊壁鸠鲁）……病了两周之后，因结石而死。在两周的最后……他步入黄铜浴缸，泡进温度恰到好处的温水，并且要了一杯纯葡萄酒，喝了下去；他要朋友记得他的学说，之后撒手人寰。

希腊哲学家伊壁鸠鲁于公元前341于萨摩斯岛（Samos）出生。三十多岁时，他在雅典的一座花园中成立了一个哲学学派。他是个精神导师，也是作家，鼓吹人应当珍惜平常的乐趣。公元前270年，他在雅典因肾结石而濒死，他的朋友兼学生赫尔米普斯记录了这位哲人在人世最后一天的景况〔本文是按照后来希腊史学家第欧根尼·拉尔修斯（Diogenes Laertes）在作品中所引用的记载〕。

其他的记载记录了伊壁鸠鲁先吩咐了他的遗愿：他把自己心爱且得意的花园留给一名友人，条件是必须由愿意讨论哲学的人使用。他的房子同样也用来做学校使用。他十分尽心地列出种种条件。

他在人世的最后一天来临了，这一天他很可能是与朋友一起共度。他确定了自己的遗嘱之后，在人世的最后几个小时可以静静思索。伊壁鸠鲁以拒绝宗教信仰闻名当时（或者该说恶名昭彰）。他教导学生说，就算有诸神，它们对人类也毫无兴趣。他认为人死魂灭，因此在他看来，这就是自己有意识的最后时刻。

首先是光芒闪闪的金属浴缸，接着倒入温

水，他确定这“温度恰到好处”。这是个舒服而单纯的时刻。

伊壁鸠鲁坐在浴缸里，最后一次感受到温暖液体的舒适。

接着是生命本身最后的品味，在即将撒手人寰的这一天，其他一切都已准备妥当。伊壁鸠鲁在病中曾喝过掺水的葡萄酒，现在他没有必要再如此小心节制。他平静地要了一杯“纯葡萄酒”，虽然有后人指责他放纵，可是其实不论凭什么标准来看，他饮酒都很适度。他举杯及唇，喝下希腊人认为是诸神恩赐的酒。

在他品尝美酒之际，在过去欢愉的共鸣之外，必然有作为自由人的快乐。他死时一如他生前一样，选择自己的方式。在最后的那一刻，他要朋友和学生记住他的哲学思想，这些观念引导他到生命的最后一刻。

伊壁鸠鲁在写给赫尔米普斯等朋友的信中，也谈到最后这一天，他的动机似乎是要安排朋友迈特罗多鲁斯（Metrodorus）的子女，让他们获得照顾。他在其中一封这样的信中很平静地说，他已经病了七天，另一封也以沉着的态度提到对时间的掌控经验，“伊壁鸠鲁致赫尔玛库斯（Hermarchus），致敬。在我生命中最快乐也是最后的一天，写下这段文字。我承受膀胱和肠子的疾病之苦，但所受的折磨都因自己的理论和发现之乐而得到平衡”。

对这即将溘然长逝的人，在他放下酒杯时，人生的滋味十分美好。

54. 海风使人食指大动

托马斯·特纳（Thomas Turner）
乡村店主
出自他的日记
东萨塞克斯郡（East Sussex）东霍特利（East Hoathly）
1764年6月24日

早上五点半，托马斯·杜兰特（Thomas Durrant）和我动身前往纽黑文（Newhaven），看我的老友提波。我们在七点五十五分抵达，和提波共进早餐；之后我们走下海边，非常惬意地度过一两个小时……我们和朋友提波共进午餐，吃了一只白煮羊腿、一个热腾腾的烤米布丁、一个鹅莓派、一只非常美味的龙虾，以及一些生菜沙拉和美味的白包心菜。我们和朋友提波共处到四点半才离开，平安到家时已经是晚上九点零三分。

托马斯·特纳1729年生于肯特郡，后来举家迁往萨塞克斯。二十岁出头时，他成了东霍特利的乡村店主，贩卖人们需要的日常杂货。他并不富有，因此店面是租来的。他的第一次婚姻并不愉快，到1764年，他已经鳏居三年，只留下甜蜜的回忆。不久之后他再婚，同时也买下店面，十分自豪拥有了真正的自己的商店。

特纳个性随和，在小区里人缘很好。他担任过各种兼职，包括殡葬、老师和测量鉴定人员。他热爱阅读古典和现代文学作品，还写了一本精彩的日记，反映出他生动活泼的内心世界，对日常生活很敏感，了解自己的脆弱和局限。对于生活中的恬淡小事，特纳总是充满兴趣。

那个周日早晨，他一大早就起身，没有去做礼拜（尽管他信仰虔诚），而是和朋友杜兰特前往纽黑文，这是南边海岸上的一座小城。另一位友人提波已经在那里等着他们，三人一起吃过早餐，欢欣展开这美好的一天。

他们一起“走下海边”，一边呼吸这新鲜的海边空气，一边闲逛。特纳这一辈子每天都长时间工作，很难攒下一点钱。像这样自由自在的时刻并不常有，在他的感受中，必属珍贵的假期。

湿咸的海风，步行的时光，让特纳那个周日胃口大开。这几个朋友回到提波的家，已经有一顿大餐等着他们。那是普通的周日午餐，不过加了好几道特别的菜，有甜的热布丁、酸的鹅莓派。海边的龙虾自然是新鲜美味，还有爽口的沙拉，甚至连包心菜也十分可口。

其实让特纳在这个特别的周日感到如此美好的，并不是特别的哪一道菜，而是温馨的气氛——“和朋友提波”。他感觉到口味和质地的有趣对比：海洋和陆地、绿和白、热和冷。他能够欣赏眼前事物的本色。他爱任何不同事物在美好一天中依次来到他身心的感受。而他也了解许多细节交织在一起，创造出持久的体验——这顿周日的美食之所以美好是因为他们到海边散了步，而散步之所以美好是因为他们与友人共进了美好的早餐。

餐点和散步之乐延伸到下午大家聚会的时光，他和杜兰特必然很不情愿回家，因此他们回到村子里时已经过了晚上九点。时间已经很晚，他们明天一大早还得工作，但这次出游实在值得，他重新得到生命本身的滋味，准备迎接另一周辛勤的工作。

55. 一掬沁人心脾的井水

菅原孝标女（すがわらのたかすえのむすめ）
宫廷女官
出自她对童年一段旅程的回忆录
日本京都
约1050年

大约在第四个月底，我得迁到东坡的一个居处。一路上我经过的有些稻田已经灌溉，其他地方才刚插上秧苗；田里一片青绿，景象迷人……由于此地接近灵山寺，一位友人和我前往参拜。这段路走来很吃力，因此我们在寺前的石井停步。我们掬水为饮，朋友说："再怎么喝这水也不满足。"我则回答："深山里，你由岩石之中掬水——直到现在你才知道无法满足？"……归途中，夕阳灿烂，整个首都清晰可见。

菅原孝标女（即菅原孝标的女儿）是日本京都宫廷的女官，其父曾在上总国（约为现在千叶县的中南部）任官。菅原孝标女在这篇日记式的回忆录中，记载了她幼时大约在1020年，由乡间回到京城长达三个月的旅程。这篇日记是年长的她对童年重要事件的生动回忆。

她们在一个雾蒙蒙的早晨动身前往京都，这名少女上马车时曾经哭泣，她担心出生东方偏远乡下的自己，在京城会被怎么看待。宫廷里的人会不会觉得她没有教养？

这趟旅程十分漫长，和她平常的生活相比，吃了不少苦。有时候雨下得太大，她们寄宿的地方都湿了，而且她很担心洪水，辗转反侧。

这一天，旅程已近尾声，情况好转了，她们下一个临时的栖身之所在“东坡”。她由车内望着田地，看到灌溉之后的新绿而欢喜。

她和朋友到附近的一座佛寺参拜。由于整个旅程的疲惫，因此她到一旁的石井去打点水喝，这显然并非她平常喝水的方式。她和朋友因为没有杯子，只好用双手“掬水为饮”。

这个手势有双重的欢愉：这是两人共有的体验，而且非常简单纯真。经过这一路上的焦虑和阴郁，一掬清水满足了最基本的人类需求。

她们俩都很欣赏这井水的甘醇滋味，朋友说“再怎么喝这水也不满足”。年轻的菅原孝标女则引用了一首关于山中汲饮的和歌作为回答。这是再自然不过的满足，源自水和石这些基本的元素。

这趟旅程充满了危险和恐惧，如今她心里终于浮现了和谐与自在之感。新鲜的水——不多不少，赐予她这归属感。

她们由寺院回到住处时，已经是傍晚时分，而她们也看到了夕阳烘托下的京城之景，它同样也不再那么骇人。石井前片刻的快乐已经改变了她的心境。

56. 在简陋的酒馆里大快朵颐

赛勒斯·P. 布拉德利（Cyrus P. Bradley）
大学生
出自他的旅游日记
俄亥俄州桑杜斯基（Sandusky）附近
1835年6月14日

昨晚中介担保我们绝对来得及到桑杜斯基。但今天整个下午都在下雨，还有一阵猛烈的暴风雨，情况实在不妙。大约九点钟，我们在一栋小屋停下来，原本只是要换马，但我们的新车夫（因为我们在这里也换车夫）……走出来，用了很多强调的字眼，宣布今晚绝不可能跨越大草原……我们看他下定决心不走，只能莫可奈何放弃。小木屋……称作酒馆，存有不少威士忌。一旁有简陋的火炉，烧着熊熊炉火。我们坐下来，嘲笑自己进退两难的窘境，一边咒骂撒谎害我们来到这里的人。早知道就不离开运河了。我们的船一定早就到克利夫兰了……

不过野味、玉米面包和新鲜的奶油这美味的晚餐让我们忘却了忧虑，要求住店。我们一个个爬上乱糟糟的梯子，攀上不明大小的一个黑洞，号称高级雅房。在这个木屋的阁楼，大约有十二个人在这里过夜——这一天一直下雨，地板和床上都淹了水。我设法找到一个干铺，仰躺下来，可以想象星空之美，或者由屋顶和墙那巨大而粗糙的木头缝隙中计算历书。

不过我睡得很好。五点时，我们……起床了。

赛勒斯·P. 布拉德利于1818年生于新罕布什尔州坎特伯雷（Canterbury）。他在日记中写道，他"在树林间"长大，因为没有同伴，因此他"和任何生物为伴，鸟儿、老猫、牛"。1835年6月，他已经长成一个青年，极其能言善道。他在达特茅斯学院（Dartmouth College）注了册，但因身体不好，达特茅斯学院的一位理事就建议并做主为他安排了这次旅程，希望能改进他的健康状况。

布拉德利先赴匹兹堡，接着沿俄亥俄河赴辛辛那提。6月初，他乘船由俄亥俄河赴朴次茅斯（Portsmouth），接着再经赛欧托河（Scioto River）抵哥伦布市。但这段行程一开始就一直延误，他和一些同行的旅客不耐烦，决定下船乘马车走。但接下来又碰到一连串的麻烦和延迟，使得他们到6月13日夜深时分才来到这个酒馆，抵达他们的目的地桑杜斯基。

他们原本的计划是换了马就要走，赶紧完成这段愈来愈累人的旅程。但新的车夫，据布拉德利形容是个有点紧张，“身材高大结实、光着腿的男人”，却坚决不肯在暗夜里赶路，因此布拉德利只好待在这寒酸的木屋里过夜。

这旅店里存有不少威士忌，也有简陋但温暖的熊熊炉火。布拉德利和同伴坐了下来，“嘲笑自己进退两难的窘境”，并且诅咒送他们绕这条路的旅游中介。但接下来布拉德利的心情彻底改变，在转瞬间恢复了奕奕神采。美食之乐达到了这瞬间振作精神的效果。

晚餐都是自制的美食，而这正是这次体验之所以迷人和欢欣的基本要素，“野味、玉米面包和新鲜的奶油”。这些必然是当地自产的食品。“美味的晚餐”能够滋补身体，尤其对健康不良的年轻人更有宏效。这种生命本身简单的丰富，正是他在这意外逗留的旅店里所享受的事物。

在这顿美食之后，这地方接下来的不便就只叫他觉得有趣，而不再烦恼。他们爬上阁楼，床铺已经铺好，布拉德利不用再担心下个不停的雨，而非常幸运的能有个干爽的床过夜。他抬头想象透过屋顶孔隙的“星空之美”，接着沉沉入睡。

烤野味、玉米面包和新鲜的奶油。这顿晚餐，把不快的一晚化为特殊的一晚。

57. 酱渍沙丁鱼的美妙滋味

汉弗莱·戴维（Humphry Davy）
化学家、物理学家
出自他的家书
布里斯托（Bristol）
1800年11月19日

我亲爱的母亲：

要是我知道六周没有音信会让你有片刻的不安，我老早就会写信了。但我一直忙着做我喜爱的实验，并且还要招待两位曾一起在单位里待过一段时日的朋友。请接受我的深情感激，你送来的礼物我全都收到了，而且也全都好好派上用场了。有几次，我在吃那些风味绝佳的酱渍沙丁鱼时，不由得想到从前，我坐在你对面，我亲爱的母亲身旁，在小小的客厅，围着小小的餐桌吃同样美味的食物，谈着未知的未来。那时我对自己眼下的情况，对我的生活形态，和我对世界的连接，都一无所知，我完全没料想到自己竟会离开我出生的地方这么久，让我如此想念，使我现在就想要回家。我会满怀欣喜等待回家的时刻来到，那时我将努力补偿我欠你、欠医生（汤金），和几位阿姨的感激债务。我下次回家不会像上一次那么短暂，至少要陪你两三个月。你已经把一半的房子租了出去，你有帮我留一个卧房，还有一个小房间当实验室吗？

二十一岁的汉弗莱·戴维写这封信回康沃尔（Cornwall）郡彭赞斯（Penzance）的家给他母亲时，正在英国西南部布里斯托新成立的科学机构工作，为刚发现的“笑气”和早期的电池设计实验。他对电压的研究是他发表在皇家学会《哲学会报》（*Philosophical Transactions*）中的第一篇论文。他在1801年入选皇家学会，在学会中发表的关于电压的研究报告使他名扬四海。戴维出身并不富裕，主要是在母亲和当地外科医生约翰·汤金（John Tonkin）的支持下自学。而戴维对他位于康沃尔的家乡一直都很自豪。

不久之后他就会赴伦敦。不过目前人在布里斯托的这名年轻科学家已经离家很远，正忙着做他的实验，因此他忘记写家书也就情有可原。他写这封信正是希望能做点弥补。

他忧心如焚的母亲先前寄了一包点心，但他六周来没有回信，这让他真心觉得愧疚。

但是一如他在信中解释的，虽然他忙着其他事而未及时回信，却依旧享受了她寄来的美食。他吃了“风味绝佳的酱渍沙丁鱼”，在布里斯托实验室辛劳工作之后，他必然期望这样的美食。这些小沙丁鱼用酱汁腌渍以便保存，而这也为他保存了家乡风味。同一时代的另一位作家写道：“康沃尔的沙丁鱼就像雅茅斯（Yarmouth）的鲱鱼，曼彻斯特的棉花，和纽卡斯尔（Newcastle）的煤一样。”这位作家还写道，在康沃尔，“不论在哪个角落、村舍、巷子、阁楼、房间、旅舍和大小教堂”，都可以闻到“沙丁鱼的气味”。

对戴维来说，沙丁鱼的风味叫他想起年轻时的岁月。它们让他“想到从前，我坐在你对面，我亲爱的母亲身旁，在小小的客厅”，在过去那些黄昏，他“吃同样美味的食物”，兴奋地谈着“未知的未来”。如今这些梦想随着他即将获得伦敦的任命而快要成真，沙丁鱼的滋味把他带回到过去，重新肯定了他从小所受教养的价值。他在此刻感到快乐，而此刻则充满了过去的快乐。

58. 丰盛的派对点心

安娜·温斯洛（Anna Winslow）
女学童
出自她写给母亲的信
波士顿
1772年1月17日

一大群人聚集在这房子楼上新建的漂亮大房间里……招待客人的点心是坚果、葡萄干、蛋糕、葡萄酒、潘趣酒*、热饮和冷饮，全都准备得很丰盛。由五点到十点，我们度过了非常愉快的夜晚。为求变化，我们追求了寡妇、找笛子、穿针引线（各种客厅游戏），而大家聚在一起时，我们也下棋消遣。妈妈，我们没有粗鲁的行为，我保证。黛敏阿姨要你特别注意，

---

* 潘趣（punch）酒，主要成分是果汁的淡酒精饮料。

其他的成人都只是观众，他们并没有参与上述的活动。

我穿着黄外套，黑色的围兜和围裙，头上戴着黑色的羽毛。我的仿宝石发梳、仿石榴宝石和黑玉别针，再加上银羽毛、坠链、戒指、围着脖子的黑领子、黑手套和两三码的缎带（黑色和蓝色是高品位），条纹皱褶花边（并不是我最好的）和缎鞋，这是我全部的打扮。

约十一岁的安娜·温斯洛经常由波士顿写长信给在新斯科舍哈利法克斯的母亲。安娜在哈利法克斯长大，父亲在英国军队服役。她的双亲都来自波士顿，他们把女儿送回去请一位阿姨照顾，以接受适当的“教养”。安娜在1770年到波士顿，现在已融入当地生活，尤其喜欢派对聚会。

她的好朋友是汉娜·索利（Hannah Soley）。两人一起筹办了一场聚会，在索利家举行，“非常文雅，很有教养的聚会”。她们想了舞蹈、食物、饮料、游戏和来宾名单——全都是来自波士顿良好家庭的女孩。在舞蹈之后，还有忙碌的欢乐安排。整个聚会趣味盎然，因此安娜很小心的加上一笔，“妈妈，我们没有粗鲁的行为”。以便未来还可以举办同样的活动。

当晚她的快乐部分是来自美食“点心”。她喜爱那所有的小东西，热情摆放着“坚果、葡萄干、蛋糕”。坚果和葡萄干是18世纪聚会时常有的食品，特殊场合的甜食，可能也用在蛋糕之中。也有特殊的饮料，“葡萄酒、潘趣酒、热饮和冷饮”。

这些东西放在一起，坚果、葡萄干、蛋糕和潘趣酒，构成了她“丰盛”的想法。她觉得这世界无法再提供更多食物，这样已经尽善尽美。

她快乐的另一部分来自于她参加聚会的服装，它和这些点心一样，由色彩缤纷的细节组合在一起，全都同样吸引人，让她心满意足。她穿着“黄外套，黑色的围兜和围裙，头上戴着黑色的羽毛”。她很欣赏那发梳和羽毛，坠链和缎带，后者有“高品位”的蓝色。她的“缎鞋”是她服装画龙点睛的重点，让她的服装达到完美，也使她的快乐达到极致。

她的阿姨也在信中插话，她小心翼翼地向安娜的母亲担保与会的大人都很高雅而安静。不过安娜在其他信中却承认自己充满欢笑，让坐在她身边陪她写信的阿姨说，一点也不懂她在笑什么。

安娜爱写她在波士顿生活的这些有声有色的细节，比如这些聚会“点心”和她的衣服。一想到能写下这些经验让家里的父母阅读，就使她的生活更有趣味，也让她的快乐更加深沉。

第8辑

健康幸福

59. 徜徉风景

托马斯·格林（Thomas Green）
乡绅
出自他的日记
伦敦
1798年6月10日

逃离群众和喧嚣，漫步徜徉至里士满（Richmond）。路上在汉姆公地（Ham Common）旁经过一株非比寻常的老榆树，叫作汉姆丘奇（Ham Church），它巨大的树干有三分之二已经腐朽，剩下的伸展出来，但树顶依旧生机蓬勃。攀上里士满平台（Richmond Terrace），欣赏英国风景里最丰富多变的景物。再回到泰晤士河畔，饶富兴味地停下脚步，到对岸蒲柏的别墅和花园——他最爱的杨柳矗立在草地上，用木桩撑着。

托马斯·格林住在一个市场城镇伊普斯威奇，此地接近英格兰东海岸，他在那里接受了初期的教育。由于健康不良，使他未能进入剑桥大学就读，但他却取得了在伦敦担任律师的资格。他在诺福克（Norfolk，英格兰东部）担任了一阵子的出庭律师，但接着他父亲于1794年去世，因此格林在伊普斯威奇的家里过着隐居的生活，研究学术，并在日记中记载自己的文学兴趣，和对风景的喜爱。在写这篇日记时，年近三十的他正赴伦敦旅游。

这都市比以往更加繁忙，除了原本的商业活动和忙乱喧闹之外，和拿破仑的战事也在进行筹备。格林很高兴把这一切纷扰都抛诸脑后，“逃离群众和喧嚣，漫步徜徉……”“漫步徜徉”一语使他的心态和环境起了变化，一切都放慢了步调，绵延伸展，大自然的悠闲取代都市的急促与忙碌。“漫步徜徉”是他对人生的基本态度，使他能感受到岁月流转所有新奇的时刻。在家里，他也把大部分的时间花在“漫步徜徉”书本上，记录有价值的段落。在这里，他先写下摆脱都市紧张，自由自在从容不迫漫游的印象。

他游览的路程是沿着泰晤士河畔往当时的小镇里士满走，这里是伦敦的西南方。起先他对一株叫作“汉姆丘奇”的老榆树印象深刻，并且深深感动，虽然它的树干因古老而腐朽，但树顶的枝叶依旧生机蓬勃。接着他信步来到里士满平台，这个山坡以泰晤士河和周遭的风光而闻名。在那里，他以训练有素的热忱欣赏到可能是“英国风景里最丰富多变的景物”。

18世纪初，闻名遐迩的荷兰风景画家莱昂纳德·克尼夫（Leonard Knyff）曾以里士满山上的景致作为如诗如画风景的典范，这个传统也影响了由托马斯·庚斯博罗（Thomas Gainsborough）、乔治·史特伯斯（George Stubbs）等人所塑造且渐成气候的英国风景画风。格林把眼前的风景当成画来欣赏，部分是因为其艺术发展，部分是因为其细节的变化和细腻——河畔与山坡的融合、草地和精美的房舍，比如18世纪初家喻户晓的诗人亚历山大·蒲柏的房子。18世纪也有许多作家曾经赞美过英国乡间的美景，及其变化多端的特色，让漫步游览像格林所感受的这般满足。

过了一会儿，他沿着河走到蒲柏在特威克纳姆（Twickenham）的住处和花园细观，就在里士满的对岸。他在这里看到一株杨柳，是诗人在他知名的“洞穴”（grotto）亲手植的，这是一个僻静的花园，蒲柏在诗中说是逃避喧闹和红尘纷扰的洞天福地。杨柳原产于土耳其，在1700年左右被引进英国，这株杨柳就大约是在那时所种。

当时有另一位作家说，蒲柏的杨柳“非常精心的以木柱撑住”，格林同样也为此留下深刻印象，后来还意味深长地说：“伟大的人应该种可以天长地久的树木。”

这些都是漫步徜徉的反省思考，各有其来源和趣味。整个散步成了一段快乐时光。他“饶富兴味地停下脚步”，不只欣赏特别的风光，也透过它们看到更宽广的世界。

60. 归乡之乐

赛义迪·阿里·雷斯（Seydi Ali Reis）
指挥官
出自他的旅行回忆录
土耳其伊斯坦布尔
1556年

由那里，我们经过盖基维斯（Ghekivize）和斯库塔里（Skutari，两地都在博斯普鲁斯海峡东岸），我由此跨越博斯普鲁斯海峡（Bosphorus），平安抵达君士坦丁堡（伊斯坦布尔）。

我经历千惊万险，却安全回到这举世最美丽的国度。四年匆匆而逝；在那一段悲哀痛苦的岁月中，我经历过许多孤单和困惑的时刻，但如今，在964年（公元1556年）7月，我再一次回到自己的同胞、亲戚、朋友之中。

1552年，五十来岁的赛义迪·阿里·雷斯被任命为鄂图曼舰队在印度洋的指挥官，当时鄂图曼帝国正与葡萄牙交战，前一任指挥官在海上大败，因而遭到撤换。阿里是经验丰富的军人和水手，也曾写过天文学和航海的书，但他随后在对葡萄牙的另一场海战中，受到严重的损失。他和其他船只失散，最后漂流到西印度的古吉拉特（Gujarat），花了四年时间才回到君士坦丁堡（伊斯坦布尔）。

他在1556年终于抵达了故乡。

他在印度和东方的海洋上经历了许多冒险，见识到人性最坏和最好的一面。他看到惨烈的武装打斗和众多死亡，尤其是那第一次的海上战役，“我们的五艘帆船和同样数量的敌船都遭彻底的破坏而沉没，他们有一艘船全扬着帆却沉入海底。总而言之，双方都损失惨重”。他见过大自然可怕的破坏力量，“真是恐怖的一天，但我们总算抵达印度的古吉拉特，只是不知道究竟到了它的哪一部分，因为船长突然大喊‘大家注意！前面有漩涡！’虽然我们很快抛了锚，但船还是被拖了下去”。而归乡的漫漫长路，也和当初的海战及后来的漂流一样，令人胆战心惊。

有时候他会受到热情的接待，但通常都像困兽一般遭到追捕，全凭着运气和勇气才逃脱。

比气候和地形更危险的，就是当地的人民。

等到阿里终于重新踏上鄂图曼帝国的领土之时，他见到了较熟悉的景象。他好不容易抵达博斯普鲁斯海峡，看到自己的故乡就在对岸。

在他跨越海峡时，他必然了解到自己所经历的一切——“经历千惊万险，却安全”，或许在那一瞬间，他重新想到恐惧和迷失，隔离与折磨。他曾在海上遭遇台风，也曾艰苦地由崎岖的小路攀登山岳；他曾遭抢匪拦路打劫，也曾被骗，要在陌生地方的法庭上为自己辩护。如今这一切都过去了。

他心头感到欣慰解脱，遥遥望见自己的家

园，终于觉得自己又成了一个完整的人，幸运地“回到这举世最美丽的国度”。对他而言，这话并非空洞的形容词。和当时大部分的人比起来，他的确去过世界上的许多国家，可以把归乡的体验和他在多处所得的印象做比较。

他感到强烈的归属感，“我再一次回到自己的同胞、亲戚、朋友之中”。他们正等着欢迎他归来，“亲戚、朋友”以及政府官员。这是无与伦比的幸福，在那归来的一刻，他感到自己获得了举世所有美好的事物，在那一刻，这是归乡的快乐。

61. 花团锦簇的世界

佩尔·卡姆(Pehr Kalm)
自然学家
出自他的植物日志
新泽西州斯韦兹伯勒(Swedesboro)
1749年4月20日

今天我发现草莓开了花，这是它今年第一次开花；它的果子通常比瑞典的大，但却没有那么甜、那么好吃。

人家告诉我，这里一年一度的(五谷)收成，一定能让居民有足够的面包可吃，不过有些年份的收成比其他年份更好。有位备受敬重的瑞典老翁，年纪七十多岁，名叫欧克·赫尔莫(Aoke Helm)，他向我保证在他所经历的这些年中，从没有完全荒芜的时候，人们总会种出许多庄稼……

如今桃树的花朵处处盛放，由于叶子尚未出芽，因此花朵十分抢眼；它们美丽的粉红色有绝佳的效果，而且紧紧靠在一起，树枝上满覆着花朵。其他的果树还没开花；不过苹果花已经开始冒出来了。

佩尔·卡姆是瑞典牧师之子，他生于1716年，大半辈子都住在芬兰说瑞典语的小区。虽然他出身贫寒，但在前途无量的学术生涯中，却获得老师和教授强力的鼓励支持，其中一位就是知名的植物学家卡尔·林奈（Carolus Linnaeus）。卡姆三十岁时，已经是芬兰图尔库（Truku）学院的经济学教授，也是瑞典皇家科学院的院士。

瑞典科学院在1748年9月送他赴北美，有几个目的，由于他是专业植物学者，因此请他调查北美大陆的植物生态；他也要报告社会发展，尤其是大批瑞典移民的现况。他有介绍信，得以认识美国的名人，而他的确也和富兰克林交了朋友。

卡姆在北美的那段时期记了日记，由1748年9月至1751年2月。他记载了许多植物的细节，毕竟这是他主要的工作。但同时他也以平实的方式，表达了他对这次访问的感受和新世界教给他的一切。

在他写这段日记时，正住在新泽西州南部的瑞典社区浣熊市（Raccoon，即今之斯韦兹伯勒）。他在这地方头一次观察美国的春天。在漫长酷寒的冬天之后，如今他的周遭都是温暖季节的讯息。第一批水果花已经开始出现，而草莓也“开了花”。

他必然问过瑞典移民这些草莓的味道如何，而他们对美洲的品种颇为挑剔，偏爱记忆中斯堪的纳维亚半岛的莓果。在谈论这些话题时，他们也愉快地聊起这个地区及其农业。新世界的优点开始显现，卡姆显然信任年长的赫尔莫先生所说的——这里“会种出许多庄稼”是真话。这也暗示了他们故国土地的贫瘠，在18世纪，五谷有时歉收，使得农民过得很辛苦，甚至造成饥荒。在新泽西种的草莓或许没有北欧的那么甜，但它们个头较大，而且总能丰收。

卡姆仿佛感受到周遭的这种丰裕富足，开始以不同的态度来看待这个陌生的地方。他仰头一望，看到春天突然显现在他身边。桃树的花朵“处处盛放”，“它们美丽的粉红色有绝佳的效果”。

他更仔细观察。这些花朵似乎紧紧抱着树枝，花朵无数。这些树木正象征这个地方肥沃多产，舒适美妙，预示着好收成。这是个适合生活的地方——他很高兴自己人在其中。卡姆在浣熊市时也娶了妻子。他带回瑞典和芬兰的不只是精彩的北美学术记录。在这1749年的春天，人生本身也为这位在新泽西乡间的敏锐科学家盛放。

62. 家，甜蜜的家

简·韦尔什·卡莱尔（Jane Welsh Carlyle）
日记作者、作家
出自她写给朋友的信函
伦敦
1836年8月

我不该后悔自己逃回苏格兰，因为回到苏格兰反而使我对伦敦有了新的体会。这话对世界首府可说是奇特的赞美，但我却觉得在这里实在让人欢欣！再没有公鸡啼叫，让人紧张地由睡梦中吓醒；白天里也不再有“某太太这样”或“某小姐那样”——那些逃不掉的方圆二十英里（约32公里）内的所有八卦，以及都市里没有的那些干扰你的正事（不论是什么）的来访。这种平静、安全、自由的感受，在我重新进入自己的屋子时浮现，这是很长一段时间以来我真正感受到的最大幸福。

简·韦尔什·卡莱尔生于1801年，在嫁给历史学家托马斯·卡莱尔（Thomas Carlyle）八年之后，于1834年由故乡苏格兰移居伦敦，如今她年过三十，在伦敦社会和文坛上是个活泼而独立的人物。不过他们夫妻的婚姻生活也有紧张冲突，因为夫妻俩都会受怀疑和沮丧的情绪左右，两人并不是时时都能自在地与对方相处，但在经历婚姻的高低起伏后，两人也会有深入灵魂的对话。

简因为身体不好，在1836年决定返回苏格兰，希望能在那里摆脱都市生活的压力，全心休养。如今经过几个月的调理，她又回到伦敦市中心切尔西区（Chelsea）的家。在她写给朋友杭特小姐的这封信中，记录了她回到位于“世界首府”的家所感受到的惊喜快乐。

在信的一开头，她先承认如今她对自己一直想逃离的这个城市有了“新的体会”。她对这个都市世界的感觉，最初抵达此地时所感到的兴奋，又重新恢复了。她被自己逗乐，字里行间仿佛可以听到她的笑声。她知道她的朋友，其实也包括大部分的人，都认为乡下生活安宁而平静，而都市生活则充满了喧嚣和压力；但在她眼中却正好相反，不被公鸡的啼叫吵醒才叫人高兴，这只公鸡在她慧黠的描写中，象征了乡村生活的“喧哗”。接着她又挑出显然亲切的邻居，其他人一定会认为这是乡村生活的美德，但就像乡村对她并不代表和平一样，也不代表友善。在都市中，她不用再应付访客，不用再忍受说不完的八卦！

简借着自嘲的幽默说出心中感受，虽然知道她这样说也许并不讨人喜欢，但她忍不住，她实在太高兴回到伦敦来了。

等到记录到家的那一刻时，她的笔锋不再机智调皮，而是因终于回到切尔西的房子而充满欢喜。她突然有一股包容一切的“平静、安全、自由”的感受，而这也改变了她对生活的全部观点。

这快乐的一刻拥有平衡得恰到好处的特质。她感到自在，放下了在伦敦之外的世界所体验到的焦虑。但最重要的，是她觉得有了信心，能够轻松自如地活动。回到自己的空间后，仿佛是头一次，她体验到这个家充满着快乐。

63. 放眼四方

图德拉的本杰明（Benjamin of Tudela）
犹太教牧师、旅行家
出自他的旅游记述
西班牙图德拉
约公元1173年

由约沙法谷（Valley of Jehoshaphat），旅人立刻登上了橄榄山（Mount of Olives，在耶路撒冷东部），因为在城市（耶路撒冷）和山之间，唯有这个谷地。由山上四望，死海清晰可见。离海两个帕拉桑（古波斯的长度名，约合5.5公里）的距离，矗立着罗得的妻子变成的盐柱；虽然羊群照样舔食这盐柱，它却一直保持着原貌。你也可以看到整个死海河谷的景象和什亭（Shittim），甚至远到尼波山（ Mount Nebo，位于死海的东北方）。

图德拉的本杰明1130年生于西班牙图德拉的犹太小区，是知名犹太教牧师之子，虽然他自己也成了犹太教牧师，却在1165年离开家乡，在欧、亚和北非各地旅游。他在约1173年回到西班牙，而他的旅行记录也成了洛阳纸贵的游记。

在12世纪的欧洲，大部分的人一生都待在同一个地方，只有贵族、神职人员和朝圣者例外。旅游在体力上劳累，道路颠簸难行，乡野也危险重重。本杰明的旅行之所以十分罕见，还有另一个深层原因——当时知识来自于传统，来自于古老而神圣的书籍的权威；个人经验不被视为是了解世界的有用基础。

本杰明是饱学之士，研读过犹太传统所有的权威人物。他的父亲乔纳（Jonah）是西班牙犹太教举足轻重的人物，但这儿子却决定要亲自去了解世界——以及在各地的犹太社区。他这么做并不是要挑战既定的秩序。不论他到何处，整个欧洲、中东和更远之处，他都请教适当的消息人士，并且聆听地方权威人物的说法。然而他也自行体验，这带给他非常私人而满足的时刻。

这段文字描写他在1170年左右抵达耶路撒冷附近的情况。如他所知，这个城市对犹太人、基督徒都具有神圣的意义。他所攀登的山坡，走过的谷地，名字都可以溯及许多世纪之前的希伯来经文。他爬上橄榄山，这里和耶路撒冷之间只隔着一个山谷。

他由山顶上看到“死海清晰可见”。这一刻不但是他私人的感动，也充满强烈的快乐气息。由橄榄山上放眼望去，他真的可以看到远方的水，甚至“整个死海河谷的景象”。不远处，他觉得他看到了《圣经》上所说罗得的妻子变成的盐柱（可能是当地的传说和《圣经》经文混合在一起的说法）。如今他在这里，欣赏着辽阔的风景，整个世界在他身边，朝四面八方延伸。

这一天，他走在神圣的古迹之上，登上了橄榄山，历代的犹太人都以此为坟地，据说也包括一些先知。大卫王在遭逢人生危机（大卫王的儿子押沙龙反叛）时，也登上此山。

本杰明由橄榄山上也看到了尼波山，这是耶和华让摩西观看“应许之地”之处，学者说这也可能是神指定他埋骨之处。

他的眼光既越过空间，也越过时间。他难以相信这世界如此丰富！难以相信他真的人在当地，在那里，亲眼看到这一切！难怪这样的时刻给了他独特的权威，几乎可以与古经文相媲美，如他游记原序中所说的，“上面提到的本杰明牧师充满了智能和知识，通情达理；经过严格的验证，他的话都是真实而正确的，因为他是个正直之人”。

在这充满学者气息的字里行间，散发着勇敢旅人深深的满足感。在几乎所有人都不能远离家园的时代，还有什么比能上山下海，跨越沙漠和山谷更大的快乐？

64. 觅得天职的欢喜

嘉莲娜·李（Jarena Lee）
巡回传教士
出自她的个人回忆录
费城
1836年

理查德·威廉斯（Richard Williams）牧师正准备在我和其他人所聚的贝塞尔教会（Bethel Church）讲道。他上了讲坛，读完赞美诗文，在大家唱完赞美诗之后，他来到施恩的宝座前，拿出他的讲词，说了序文，正准备要详细解释。他用的经文是《约拿书》第二章第九节——《救恩出于耶和华》。但正当他要开始解释时，却似乎碰上了障碍，就在那一刻，我站起身来，就像受到超自然的本能召唤一样，得到来自上天的协助，按着威廉斯弟兄所用的经文，说出一番劝诫。

我告诉他们自己就像乔纳一样，自从传播福音以来，已经过了八年。但我却像乔纳一样徘徊，拖延主的吩咐，不去警告如尼尼微人民那般深深有罪的人们。

在我的劝诫之中，上帝展现了它的力量，让世人看到我的天职是依能力劳作，而在好农夫的葡萄园里，这恩典已经给了我。

现在我坐了下来，恐惧万分，不知道自己该怎么办。想象着大家会说这是粗鲁无礼的行为，会驱逐我出教会。但主教（理查德·阿伦）却由会众中站起身来，说出我八年前曾经拜访他，要求奉天职传道的情况，他当时拖延了这个请求；然而他现在也同样相信我是奉了召唤履行天职，就像在场的任何一位传道者一样。这些话语大大鼓励了我，让我对于自己冒犯并因此成为罪人的恐惧消退，而由甜美的平静安详所取代，一股奇特的神圣喜悦，直到此刻才涌现心头。

嘉莲娜·李于1783年生于新泽西州，她的父母是获解放的非裔美国人。她很小就被送去当仆人，并没有受多少正式教育。到了1818年，她已经寡居，带着两个孩子住在费城。

数年前，嘉莲娜曾经向费城贝塞尔教会的牧师理查德·阿伦〔Richard Allen，后来担任非洲裔循道宗主教制教会（African Methodist Episcopal Church）的第一位主教〕请求准许她履行神对她的召唤让她传教，但为主教所拒。然而在1818年的这一天，她又感受到那召唤。

当天的牧师理查德·威廉斯正准备讲道，但他突然停了下来，或者结结巴巴说不下去，这时嘉莲娜站了起来，依据他的主题“救恩出于耶和华”讲了下去。这是她发挥的时刻，言语由她口中源源不绝涌出。这个教会并没有女性传道士，但这天她觉得自己必须公开对她的信众讲道。

嘉莲娜想到不愿遵从主的旨意传递警告的乔纳，“告诉他们自己就像乔纳一样”，这回她滔滔不绝地说出自己的想法，而且因为“主召唤我传福音”而继续说下去。她口若悬河，把自己的故事和《圣经》的经文融合在一起。她的声音必然响彻整个教堂，她压抑在心底许久的渴望全都爆发出来。

不过当她说完之后，却担心人们会有敌意的反应，因此她“恐惧万分”地坐下。可是当年拒绝过她传道请求的阿伦主教却站起身来，支持她说话的权利。“他现在也同样相信我是奉了召唤履行天职。”这是肯定她内心力量无可置疑的一刻。在全体信众之前，他们的主教以他所有的权威，为她所声言自己心中的性灵力量背书。

嘉莲娜的心里涌出了一股全然的快乐，因为她在这世上能做自己而感到平和。在她大胆行为最后获得福祉的终曲上，她觉得自己的恐惧“由甜美的平静安详所取代，一股奇特的神圣喜悦，直到此刻才涌现心头”。嘉莲娜成了头一批传道的黑人妇女之一，走遍许多地方，向不同的听众传道，也主持祈祷会。经由欢喜肯定的那一刻，嘉莲娜得到了一生的勇气。

65. 温暖墙上的冬日阳光

乔治·艾略特（George Eliot）
小说家
出自她写给朋友的信
西班牙格拉纳达（Granada）
1867年2月21日

自1月27日以来，天气就十分完美——壮丽的天空和夏日的太阳。在阿利坎特（Alicante），走在棕榈树间，映着光滑的棕色岩石和背景中棕色的房屋，让人幻想自己置身热带；一名和我们同行的绅士向我们担保，这乡间的景致很像红海的亚丁（Aden）。在这里，在格拉纳达，当然是冷得多，但阳光普照。日正当中时，贴着墙站在阳光下，让我想到6月初在佛罗伦萨的感受。我们初来乍到时，对格拉纳达的印象略感失望，但其位置之美，几乎无出其右者。站在阿尔罕布拉宫（Alhambra，摩尔王朝时期修建的清真寺、宫殿、城堡建筑群）的诸塔之一上，望着太阳落在洛哈（Loja）的暗山之后，余晖映照在白色内华达（Sierra Nevada）的山巅，而可爱的肥沃平原（Vega，西班牙语）在下方伸展，准备把一切赏心悦目的美食都呈送上来。这值得我们走很长很长的路程。我们明天黄昏该会前往科尔多瓦（Cordova），然后要去塞维利亚，再回科尔多瓦，接着赴马德里。

乔治·艾略特是玛丽·安·伊凡斯（Mary Ann Evans）的笔名。她在这年冬天赴西班牙度假时，芳龄四十七。这封信是写给她留在多雨伦敦的朋友兼出版商约翰·布莱克伍德（John Blackwood）。几年前，他的出版公司出版了她的小说《亚当·比德》（*Adam Bede*）、《弗洛斯河上的磨坊》（*The Mill on the Floss*）和《塞拉斯·马纳》（*Silas Marner*），而在这过程中，他和艾略特也互相认识，并结为好友。她之所以来到西班牙，原因之一就是要写一首长诗，希望次年出版。

西班牙之行还有其他更私人的动机。她和伴侣乔治·亨利·刘易斯（George Henry Lewes）同行，二人在1853年就已经同居，但他却无法与妻子离婚，因此不能和艾略特结婚。这样的关系在当时礼教严格的英国社会成了丑闻，但并不妨碍她作品的畅销，她的所得足以负担这样的旅行。刘易斯的健康恶化，因此她带他来摆脱伦敦冬日的雾和潮湿，找到一点温暖和休憩。

在西班牙这里，日丽风和，阳光灿烂，天空“壮丽”。艾略特获得了一种空间感，整个乡下美好单纯，充满了新的体验。

在地中海岸边的阿利坎特，棕榈树和褐色的岩石让她觉得他们仿佛离开了欧洲，来到南方。在安达卢西亚美丽的城市格拉纳达，她的喜悦就呈现在单纯的一刻——“日正当中时，贴着墙站在阳光下”。在这静止的一刻，阳光简直就像夏日，她可以靠墙站着，让阳光洒在身上。

这是人类最单纯的体验之一，却是纯感官的一刻——温暖的感觉和她身后墙的质地，以及她脸上的阳光。

这几乎像触觉的感受让艾略特想到了她“6月初在佛罗伦萨的感受”。她可能闭上了眼睛，让自己更清晰地回想在意大利的印象，融入西班牙的此时此地。阳光和温暖的比较是让她的身体思考、感觉和回忆的一种方式。

艾略特是19世纪最知性的小说家之一，记录了当时的思想，她是政治家和心理学家。在这里，她却难得地记录了自己摆脱复杂的一切，只顾在冬日享受温暖阳光的快乐。

66. 深夜的平静沐浴

沃尔特·斯科特(Walter Scott)
小说家、诗人
出自他的日记
爱丁堡
1825年11月25日

昨晚回家时我跌了一大跤。艾索尔东边那里有些尚未完工的房子，而因为我步行，所以跨越街道，以避开散放的材料，但在月光的欺骗下，我踩到了及脚踝的烂泥(感谢上帝，是老实的泥土和水)，面朝下摔了下去。从没有像我这样的墙隔开皮拉莫斯和提斯柏(Pyramus和Thisbe，莎士比亚《仲夏夜之梦》第五幕)，我全身都沾上了粗灰泥。幸好我到家时S夫人已经休息了，因此我得以享受那缸洗澡水，既没听到抱怨，也没有获得同情。

库克本（Cockburn）街会因我这一摔而无端获益。不过未来，我晚上必得乘马车，这对我个人的自由是种羁绊，但我却不得不从。

沃尔特·斯科特爵士在1814年出版第一本历史小说《威弗莱》（*Waverley*）时，已经是知名诗人。接下来他很快又发表其他许多小说，到1825年，五十四岁的他已经是富有而知名的作家，和妻子住在爱丁堡。可是接下来发生了一场影响深远的金融危机，他的出版商康斯塔伯（Constable）破产，斯科特也丧失了大半的金钱。

在11月25日这天，斯科特和朋友欢度一个晚上之后，摸黑走过爱丁堡街头回家。当时没有现代的街灯，就像在树林中漫步一样，“在月光的欺骗下，我踩到了及脚踝的烂泥”。他揶揄说，好歹那是“老实”的烂泥，没有更糟糕的东西，因为街道上往往有很多秽物。他甚至还可以看到有趣的一面，想象自己好像舞台上的角色，像莎士比亚名剧《仲夏夜之梦》里乡下人演出剧里面，隔开恋人皮拉莫斯和提斯柏的那面墙，“我全身都沾上了粗灰泥”。

他悄悄爬进家门，发现一线希望，因为运气不错，“我到家时S夫人已经休息了”。他的妻子夏绿蒂已经睡了。（他叫她S夫人，有一种甜蜜的意味，仿佛他们俩一起取笑这隆重的头衔。）他可以平静地洗个澡，“既没听到抱怨，也没有获得同情”，也就是既不会让妻子焦虑，也不会挨骂。等一切都准备好了，夜深人静，万籁俱寂。

在那一日的尽头，斯科特“享受”了他的沐浴。这一小池温暖的水是先前他在黑暗街道上一头栽进冰冷“泥海”之后的完美解药。可惜的是，这回跌跤，表示日后他晚上都得乘马车，这必然减少了他迄今所享受的一种自由——在夜晚时分漫步。

不过泡在浴缸里的时间却纯真而完美，他所有的感官都再度觉得更美好，放下一切，在这静谧的夜里，只浸泡在温暖的水中。虽然他知道自己所有的困难，却并不逃避，了解家庭生活的高低起伏，依旧彻底享受这次的沐浴。

这次的体验让他深深感动，因此在几年后的小说《巴黎的罗伯特伯爵》（*Count Robert of Paris*）中，也加入了一场沐浴的情节。一位受伤而虚弱的骑士在被精心照顾之下，准备接着进行一场伟大的战斗，“立刻秘密送他到舒适的房间，让他享受沐浴及其他有助于恢复他孱弱身体的一切——要记得，只要可以，他明天就得上战场”。斯科特很快也要面对他自己的（财务）战役，但这一夜，他却因自己沐浴时的舒适而恢复了精神。

67. 长寿而有意义的一生

普塔-霍特普（Ptah-Hotep）
书记官员
出自他的《箴言录》
埃及
约公元前2400年

在你们（读者）身上，太阳还会照耀多日，
漫长的岁月将会降临。
智慧使得我能够居高位，
在世上长寿，活到一百一十岁，
我得到国王所能赐予的全部喜爱，
为了一生的辛劳，而在众人中得到荣幸。

自19世纪末以来，埃及官员普塔-霍特普就被视为人类所保存下来最古老的文字作者之一。虽然对于这本《箴言录》究竟成于何时，众说纷纭，但一定超过四千年之久。

普塔-霍特普是埃及王国第五王朝时的高阶官员。他在书中针对许多不同的课题都提出建议，不但考虑了在阶级严明社会该如何与上级相处的问题，也讨论了如果有幸与有权势的人吃饭，该如何应付才好。他谈到婚姻生活和夫妻相处之道，也赞美家庭教育。他建议要努力工作，但不要过度——不要浪费所有的日光，因为太阳会很快就落下去。

普塔-霍特普的环境和我们的截然不同，他在书中所说的一些事物现在看起来不但奇怪，甚至很残忍。但我们可以由其中认出日常的经验，即使解决的方法如今已经不同，但问题却是相似的。

在普塔-霍特普的写作背景和其中所举的例子，可以推敲窥见他自己的人生。由他谈论夫妻生活的口气，可以看出他必然已婚，他对亲子之间的关系有强烈的感受。或许有时这不免使现代翻译者把他的真知灼见翻译得太像日常用语，但这并不妨碍他据此和我们分享对人生最深刻的兴趣和关注点。

在这本《箴言录》最后，普塔-霍特普向读者介绍了自己。他希望读者都能过幸福的人生，并且承诺说，遵照他建议而行的人都能繁荣兴旺。接着，他回顾了自己的一生。

大方地与他人共享智慧，是使他人生成功的原因。他这一生都“居高位”，他小心照顾自己保持健康，“在世上长寿”，我们真能相信他“活到一百一十岁”吗？或许就像其他劝诫他人的人一样，他忍不住吹嘘一下自己的成功，好为自己的讯息背书！但不论他究竟多大岁数，这份心意还是令人感动。

这个人在这里，逾四千年前，停步反省自己的人生。当然，那时他上了年纪。他工作了一辈子，如果他真的有子女，他们也必定已经长大成人。他得到国王最大的喜爱，“在众人中得到荣幸”。如今他可以回顾几乎完整的旅程，而且他十分满足，感到快乐——他在说完做完一切之后，感觉到这是美满的一生。

这是一个生命即将走到尽头的人，在这么多的日出之后，黑暗将会降临。他很务实，也很慷慨，祝愿其他人像他的一生一样长寿而有意义。他对在太阳下的日子感到幸福，因此能对他人产生积极影响。他的幸福和我们的并无二致。

68. 海滨小木屋

威廉·布莱克(William Blake)
诗人、艺术家
出自他写给朋友的信
西萨塞克斯郡费尔法姆(Felpham)
1800年9月23日

我们(布莱克和妻子凯瑟琳)没有意外，也未经阻碍，安全抵达了我们的小木屋，不过由于更换马车时得一直搬箱子和文件，因此一直到晚上十一至十二点之间才到……我们在最愉快的一天穿过了最美的乡野。小木屋比我想象得更美，因为它虽小，比例却适中，而且就算我要盖一座宫殿，也只会是把这小木屋放大而已。请务必要告诉布兹太太(收信人托马斯·布兹，Thomas Butts之妻)我们为她准备了一间房间，而且它有非常漂亮的海景……甜美的空气、风、树、鸟的声音，和快乐土地的气味，都使它成为神仙的住处。在这里，工作会获得神佑，顺利进行。

威廉·布莱克如今已是知名的英国诗人，也是家喻户晓的艺术家，他为自己的神话诗集做雕版蚀刻插图，以两种媒介来勾勒独特的和谐憧憬。他于1757年生于伦敦的苏活（Soho），约在1772年成为蚀刻学徒，开始工作生涯。1782年，他和凯瑟琳·布雪（Catherine Boucher）结婚，直到他1827年去世为止，两人都维持极亲密的情感。他写这封信给好友布兹时，已经写了一些最脍炙人口的作品，包括诗集《天真和经验之歌》（*Songs of Innocence and Experience*）。但他的生活依旧很困苦，尤其在财务上，因此他很高兴接受作家威廉·海利（William Hayley）之邀，搬到海利在英国南海岸家乡为他安排的小木屋，主要是希望让布莱克能够一边为海利的诗画插图，一边也进行自己的计划。

身为伦敦人的布莱克在抵达可以看到海景的乡

下时，表达了几乎是新生的感受。旅程令人疲惫，他们在9月18日周四上午六至七时由伦敦出发，足足换了七次马车和车夫，才在20日周六午夜之前抵达小木屋。但当布莱克写信给伦敦的友人时，却非常欢喜地回想昨晚的旅程，他们穿过那“最美的乡野”，度过“最愉快的一天”，或许不只是因为天气和风景，也是因为他开始感受到的希望。

他从未见过这小木屋，等到他终于能看清它时，他也感受到周遭乡野同样的美，因而大喜过望。他在如《伦敦》(*London*)等知名的诗中勾勒都市的阴郁，而今能找到美丽的地方生活，对他来说是深刻幸福的泉源。他的艺术和写作都因融合美、欢喜和纯真的憧憬而生机蓬勃，这个新家感觉就像追求他的天职最完美的环境。

在首都，布莱克觉得处在丑陋而无人性的地方，他和环境格格不入，如今那紧张已经获得纾解。在费尔法姆，他觉得自己和周遭的一切将可以和谐相处，“甜美的空气、风、树、鸟的声音”，自然地弥补了布莱克想象的世界，这种调和的感受表现在他的信心上，“工作会获得神佑，顺利进行”。而的确，他在这田园景色的家里，也写出了史诗《弥尔顿》（*Milton*）中关于“英格兰碧绿而怡人土地”中的知名段落。

展望未来，这承诺并未完全实现，因为布莱克和凯瑟琳在1804年离开了费尔法姆。这是因为他在乡居花园和一名士兵发生争执，结果布莱克咒骂了军队和国王，而当时正是对革命谋反最风声鹤唳之时，布莱克因叛国罪遭审判（但宣判无罪）之后，他们觉得有必要回到伦敦。

但在布莱克初抵这小屋，感到他找到真正的性灵之家时，这位诗人体会到前所未有的与周遭世界和谐至极的感受。接下来数年，这为他带来许多灵感和希望，滋养他处在困境中的灵魂。生死的问题在布莱克心中一直萦怀不去，但在费尔法姆这里，他发现可以免于恐惧的插曲，一个“不朽者的住处”。

第9辑

创造力

69. 热天的树荫下

萨福（Sappho）
诗人、音乐家
出自她的抒情诗
希腊莱斯沃斯岛（Lesbos）
约公元前6世纪初

徐徐凉风在苹果枝干之间呢喃，

睡眠由颤抖的树叶间流动出来。

这片段文字译自两千五百多年前伟大诗人萨福的诗，她于公元前7世纪后期出生于希腊的莱斯沃斯岛，一生大半都在岛上度过，可能也有一段时间被放逐到西西里（可能是在那里写的这首诗）。她也以音乐家而知名，甚至有人说七弦琴就是她发明的。经常有图画描绘她弹奏这种乐器。她的诗很可能是歌曲，有很长一段时间，希腊罗马都非常重视她的诗作。但后来萨福大部分的作品都散佚了，只保存了其他书本中引述的片段。最后，19世纪维多利亚时代的考古学者又发现了许多片段，写在纸莎草纸上，保存在埃及挖掘出来的古代垃圾堆里。

这些差点湮没的文字记录了古代地中海地方的一刻，它的知觉和情感。

这一天很热，清新的微风在苹果树荫下呢喃。太阳让人闭上眼睛昏昏欲睡。这诗的其余部分已经散佚，诗的所见部分是非常直接的个人体验白描。这一刻恰恰在酷热的骄阳和凉爽的和风、清醒和睡眠之间，保持着平衡。内外在的世界交织在一起，睡意由树木间朝诗人袭来。幸福就在这些对照交会之处的微妙平衡边缘。下一刹那，一切就可能结束——瞌睡虫可能降临，微风也可能止息。这样的平衡让这一刻尽善尽美，恰到好处，却无法持续下去。

在这燠热的一天，苹果树荫下的片刻快乐，因为在一片纸莎草纸上几个字的创造力，而流传了多少世纪。听来虽然不太可能，但萨福却了解她创造力的力量。她知道她的言语可以跨越时间的鸿沟。她曾在写给恋人的文字中说，经由她的文字“我想即使在日后，人们也会记得我们”。这种因活着的瞬间得到的幸福所产生的创造力，是她人生的一种驱动力。她在表达幸福的同时，也包含着不朽和永恒的强烈意识。

许多世纪过去了，无数有权势有财富的人也已经消失。放逐萨福的人，在我们的记忆中，甚至没有一丝一毫的影子。相较之下，苹果树荫中的那一刻却因她的文字而长存，随之而来的是在另一个时空活生生的感受。

70. 数学解题之乐

婆什迦罗(Bhaskara)
天文学者、数学家
出自他为一本关于数字的书所写的序
印度邬阇衍那(Ujjain)
约1150年

向神明(象头神格涅沙，Ganesh)鞠躬之后——它的头就像大象的头一样，它的脚受到众神的崇拜，经召唤而来，它让追随者免于尴尬，赐予崇拜者福祉——我提出简单的运算过程，因它的优雅而欣喜；以简明、温和而正确的文字清楚表达；让博学之士觉得喜悦。

婆什迦罗在写这段文字时约三十来岁。他负责管理邬阇衍那古城(即今印度中部的一省——中央邦）外的天文台，这里是数学和天文学的中心，到此时至少已经有五百年历史。他很高兴自己和最崇拜的数学家——数世纪之前的婆罗摩笈多（Brahmagupta）担任同样的职位。始于中国的丝绸之路把这古老的地方和波斯与欧洲都连接在了一起。

婆什迦罗知道自己有重要的话要说。在他这本书和接下来的三本书中，韵文把先前印度数学所发展出来的代数和几何思想（部分是回应希腊前辈的）融会贯通，并且添加了一些非常复杂的新见解。象头神格涅沙是万物之始，因此它属于这开场的时刻。想到了格涅沙，他放下了羞怯，自由自在。因为这样做，让快乐与他同在。

近一千年前，这里是通往自我表达之门的幸福时刻。在象头神的指引下，所有的禁忌都消失了。这年轻的数学家充满了信心和确信，知道自己准备要做什么。

他准备要教学。他脑海里的数学思想如此

清晰，他的语言文字已经准备充分，只待表达，他很确定这会为其他人带来快乐。他的读者会在这里发现解决问题的方法。借着这“简单的运算过程”，世界变成了较轻松自在的地方。其他人会由这些教导获益，就如婆什迦罗先前因发现系统和方法而获益一样，克服了难解的任务，找出问题的答案。甚至连饱有学识的人也会感谢他的指导。这就像是说，这里有可以造福每一个人的事物。初学者会觉得数学不再那么骇人，而专家则可以看到并欣赏新的思想理念。

婆什迦罗首先解释了算术的规则，其方式清晰易懂且流传至今。他向女儿莉利瓦蒂（Lilivati）说明这些想法——她代表未来的众多读者。不过在这些字里行间，也传达了一种私密沟通的感觉——作为父亲跟女儿说话，或者想象自己跟女儿说话。她和他共享象头神赐的福祉。

要人人都觉得这些数学思想简单有趣，大概不太可能。婆什迦罗正航向未知的海域。他是第一个理解“除以零”这个观念的人，他也是第一个在代数方程中用字母来表示未知数的人，他甚至还想出级数和极限的思想，在某些方面有点像半个世纪后的牛顿和莱布尼茨（Gottfried Wilhelm Leibniz）所提出的微积分理论。

然而在婆什迦罗开始解释这些概念之时，它们在他脑中如此清晰和“悦目”，因此他自己没有看到任何困难所在。他思想的“优雅”已经表达在精辟明晰的文字里。他不需要强调自己个人的权威，也不认为会有困难或反对意见。

71. 与伟大思想者共处的一天

拉尔夫·瑟雷斯比（Ralph Thoresby）
学者、博物馆主
出自他的日记
伦敦
1712年6月12日

参加皇家学会，在那里我看到道格拉斯博士正在解剖最近在泰晤士河捕捉到的海豚，在场的还有会长艾萨克·牛顿（Isaac Newton）爵士、两位秘书和两位牛津教授（哈雷博士和凯尔博士），以及其他人，之后我们在希腊人咖啡馆（Grecian Coffee House）一起做伴。随后我和凯尔先生在圣保罗大教堂观赏了一些浮雕，特别是和使徒保罗有关的六幅作品。接下来走路去查特豪斯（Charterhouse）公学……转入野地里的绿荫步道；愉快地想起我们的家族成员亨利·瑟雷斯比

（Henry Thoresby）……他和（查特豪斯公学）创办人十分熟稔，因此被任命为第一任信托人……接着再和凯尔先生与博学的绅士奥迪先生在咖啡馆。

拉尔夫·瑟雷斯比是英格兰北部利兹（Leeds）的绅士，他到伦敦来看这里的诸多朋友。五十多岁的他是首都伦敦皇家学会的院士，皇家学会是当时最重要的学术和科学机构，会长就是牛顿爵士。瑟雷斯比在他的家乡成立了一座自然史和考古博物馆，闻名遐迩，他也是罗马铜币专家。

瑟雷斯比在伦敦办完事之后来到皇家学会，詹姆斯·道格拉斯（James Douglas）正在学会做解剖示范，“解剖最近在泰晤士河捕捉到的海豚”。学会出资让道格拉斯做这样的展示，以吸引更多的群众。

瑟雷斯比的许多朋友和熟人都在那里，他们都是严肃的学者，但是这演讲是面向大众的。牛顿也在场，他1687年出版的《自然哲学的数学原理》(*Philosophiae Naturalis Principia Mathematica*)揭示了规范宇宙的数学法则，包括万有引力定律在内。和牛顿在一起的是埃德蒙·哈雷(Edmond Halley，他鼓励牛顿写出那本书，并且出资为他出版)，哈雷本人也是当时最知名的数学家和天文学家；还有另一位牛津大学教授、牛顿成就的捍卫者约翰·凯尔(John Keil)，他反对莱布尼茨等外国科学家、哲学家的主张。

瑟雷斯比和他的这一小群友人聚在咖啡馆里，觉得心满意足，“之后我们一起做伴”。希腊人咖啡馆就在舰队街(Fleet Street)旁，是伦敦最古老的咖啡馆之一。他的周遭有许多想法，许多嘈杂的声音。这纯粹是享受——气氛、朋友和知性的陪伴。

他由那里和另一位朋友步行去看克里斯多夫·雷恩(Christopher Wren)在圣保罗大教堂(St. Paul's Cathedral)的雕刻，这雕刻新近才完成，为的是取代在1666年大火所毁损的旧建筑。他的周遭是新世界。理论和建筑、方程式和艺术——这是新观念之舞。

接着瑟雷斯比赴查特豪斯公学，这是伦敦的一所学校兼医院，那里采用了最新的医学理念。他很高兴地想起自己家族和这里的另一层关系，接着回到了咖啡馆，参与更学术的谈话。这是充满生气的一天，有许多不同的声音，每见到一个不同的人，就开启新的机遇。他很高兴自己是其中的一（小）部分。

72. 寻觅已久的伟大想法

坎特伯雷的安塞尔姆（Anselm of Canterbury）
教士、哲学家
出自他为一本神学书籍写的前言
法国贝克（Bec）修道院
约1078年

我开始怀疑有没有可能只找出单一一个论证，无须其他，就能够证明上帝确实存在；有至高无上的善，万事万物都仰赖它的存在而繁荣，无须其他事物，就能证明我们所信仰的神圣存在。

我经常苦苦思索这个问题，有时感觉似乎就要抓住目标了，但每当此时，它就拒绝在我脑海中清楚浮现。最后在绝望中，我想要放弃这徒劳之举。但在我抗拒那些念头，以免它们纠缠不休，让我无从进行其他更实际的志业时，一个无法摆脱的想法油然而生。

在这一天，我已经因反抗它的要求，支撑太久而精疲力竭，它却突如其来自行浮现在我的思维之中，我脑海里出现了那企求许久却迟迟无法抓住的观念，而我热烈的接纳它，一如我先前抗拒那般激烈。

我多么欢喜能够发现这些事物，如果把它写出来，必然也会为一些读者带来快乐。

安塞尔姆原本在诺曼底贝克的地方修道院担任了十多年的副院长，到1078年，他四十多岁时接任院长，负责管理这个有钱又有权的本笃（Benedict）修道院。他注定要在教会中有更成功的生涯，在1093年成为坎特伯雷的主教。

这段文章取自他所著的《证据》（*Proslogion*），文中描述了真正使他欢喜的事——并非金钱或权力，而是甚至连看都看不见、深深隐藏在他脑海中的事物。然而这稍纵即逝而难以捉摸的经验却让他喜出望外。

安塞尔姆是伟大的思想家，也是成功的管

理人员。他爱辩证和观念，在他看来，它们十分真实，有时甚至比石头、砖瓦和树木的物质世界更真实。有个想法尤其令他着迷，驱使他向前。

他想要找出单一一个论证，能够证明上帝的存在和美。但他无法在经文上找到，也无法在他所钦佩崇拜的至圣先贤那里找到，因此他只好深入探索自己的想法，一再自问可不可能找出证据？

有时候，安塞尔姆觉得自己就在成功边缘，"有时感觉似乎就要抓住目标了"，但接下来，他的希望却破灭了，那想法依旧遥不可及。最后他决定放弃这知性的追寻，因为它占据了原本可以用作"更实际的志业"的空间。但是在他似乎放下之后，这个观念、这个要证明上帝存在的单一论证，却又掉过头来纠缠他。

讲述一个处在11世纪的作家人生中特别的一天，的确很罕见。但是在这里，在"这一天"，他已经因为坚持得"太久而精疲力竭"。他一直努力把这事由自己的心头排除，觉得自己备受折磨。但他却突然感到醍醐灌顶，茅塞顿开，上帝之所以存在清楚而唯一的论证——上帝的本质就包括了上帝存在的必要。亦即，由于上帝的本质是要至高无上尽善尽美，因此上帝会欠缺其他生物所拥有的任何特色，比如存在，就无可想象。

安塞尔姆热烈地接受了这突如其来的伟大发现，而这也成为举世皆知的本体论论证。当然如今回顾起来，并不是所有的人都接受安塞尔姆的观念，但它足够复杂，得以让世世代代的信徒和怀疑论者都感到着迷。在这里，他极其敏锐地记录了他茅塞顿开那一刹那的欢喜。他就像恋人被对方接受那一刻那样幸福，而他的书就在这幸福之中诞生。

73. 内在力量的感受

索杰纳·特鲁思（Sojourner Truth）
废奴主义者、女权运动家
出自她对朋友讲述的故事
马萨诸塞州佛罗伦萨（Florence）
19世纪40年代后期

我要找回我的孩子……我没有钱，但上帝有足够的钱，说不定更多！而我要找回我的孩子……噢，我的上帝！我知道我会再度拥抱他。我很确定上帝会协助我找到他。啊，我觉得内心顶天立地——我觉得整个国家的力量都与我同在！

索杰纳·特鲁思约1797年生于纽约州的阿尔斯特郡（Ulster County），原名伊莎贝拉。身为奴隶的她童年就接连被卖给三个主人，最后一个是同样住在阿尔斯特郡的约翰·杜蒙特（John Dumont）夫妇，这家主人对她特别残酷。特鲁思长大后被迫嫁给一个年纪较长的奴隶托马斯，生了五个子女。最后她离开杜蒙特家，住在艾萨克和玛丽亚·范·瓦格纳（Isaac and Maria van Wagenen）那里。1827年，纽约州废奴，特鲁思发现她的儿子彼德（约生于1822年）被送给奴隶主所罗门·盖德尼（Solomon Gedney），而盖德尼又把他卖到阿拉巴马的一座种植园去了。但是把奴隶卖到纽约州外，是违法的行为。

伊莎贝拉后来改名为索杰纳·特鲁思，开启讲道、废奴主义和女权运动的生涯。大约在二十年之后，她把自己早年的故事说给马萨诸塞州佛罗伦萨北安普顿教育和产业协会（Northampton Association of Education and Industry，一个乌托邦团体）的同道奥利夫·吉尔伯特（Olive Gilbert）听。吉尔伯特把她的体验记下来，加上一点评注，在1850年发表。在许多方面来看，这个作品都是一个朋友把自己的人生说给另一个朋友听的私人对话记录。

在这段文字中，特鲁思说到她去寻找彼德，结果找到先前的主人杜蒙特夫妇。她的目标是要找到非法贩卖她儿子的那个人。

她对这次的会面印象非常深刻。杜蒙特太太对她的询问表现出非常残忍的轻蔑。特鲁思告诉吉尔伯特她怎么经过“片刻迟疑”，接着义无反顾地明白自己绝不会被击败。她知道，并且宣告：“我要找回我的孩子。”但这同样遭到杜蒙特太太鄙夷而冷漠的对待。她该去哪里筹钱才能实现她的目标？

这时，特鲁思感觉到语言文字由她内心深处的灵感泉源涌现，“我没有钱，但上帝有足够的钱，说不定更多！而我要找回我的孩子”。她重复这宣言，仿佛它是赞美诗一般。在她后来的人生中，她成了伟大的演说家，宣扬废奴和女权。如吉尔伯特所写的，她“慷慨激昂”，得以感动她的观众。在这里，在莫大困难的压力下，更激发了她这种激昂的表达能力。

这次会面的许多地方都叫人十分不快——杜蒙特的敌意，以及还不知道该怎么找回自己儿子的焦虑。但在特鲁思内心深处，这也是兴奋的一刻。她后来回想说，在她听到自己说出这些充满诗意之美和肯定的话语时，她“觉得内心顶天立地”。她自己的语言让她产生这种深沉的自我肯定，发现自己意志力和表现力的快乐。她感到自己充满活力，使她觉得“整个国家的力量都与我同在”！

特鲁思为争取儿子归来的奋斗十分艰苦，却也证明了她自己的意志力。她在朋友的指引和支持下来到贵格会信徒之家。而她接着又上法院向大陪审团申诉，由支持者为她支付法律诉讼的费用，最后她告了非法贩卖她儿子的人，迫使他找回她儿子。盖德尼面对罚款和监禁的处罚，不得不亲赴阿拉巴马去找回这男孩。她记得这案子是在1827年提出，次年，彼德回到她身边。她坚强有力的言语果真实现，“我要找回我的孩子”。

74. 研究群星的报酬

托勒密（Ptolemy）
天文学者
出自他写在书页上的笔记
亚历山大里亚
2世纪

我知道我生命短暂，朝生暮死，但当我追寻天体蜿蜒来去之乐时，双脚却已经不再踏在尘世。我站在宙斯本人的面前，尽情大啖珍馐。

托勒密很可能于1世纪晚期生在埃及。2世纪时，他在亚历山大里亚生活、工作，也成为古代西方世界最重要的天文学者和数学家。古代的希腊人已经发展出我们如今称作纯数学的学问，比如几何。托勒密则属于头一批把数学观念在实际生活中应用的人。他描绘地图，分析光线和音乐。最重要的是，他观察天空上的行星和恒星。

托勒密并没有望远镜或其他辅助工具，只能在城市外等天空变暗之后，观察天象。他有自己的方式记载这些观察结果，同时也采用有时可以溯及数世纪的记录。在许多思想家眼中，他所著《数学汇编》(*The Mathematical Compilation*)一书的十三章节，在太阳系和更辽阔的宇宙研究方面，有举足轻重的影响(一直到文艺复兴时代发展出以太阳为中心的想法为止)。这书的地位十分崇高，因此往往被称为《天文学大成》(*Almagest*)，这是来自希腊和阿拉伯文对“最伟大”一词的说法，意即此书是“最伟大的书”。

虽然托勒密天文记录的科学权威最终被取代，但它们依旧让我们感受到在近两千年前的时空，抬头仰望“天体”的绝妙感受。由于他的记录十分详细，因此我们知道托勒密头一次观测的日子是127年的3月26日。他最后一次观测行星和恒星则是141年2月2日。在这十四年间，我们可以追踪他在夜里宝贵的观察，对特定天体运动所做的记录。比如134年2月的一个清晨，他看到了金星，而140年的2月，同一颗行星也进入了他的眼帘。

围绕着其中的一些记录，长期以来存在着有趣的争议。托勒密似乎调整了他所收集的一些数据，好让他复杂的数学模型能够恰当地应用。有批评者指责他作弊，但其实他所做的，正是伟大的理论家一直都在做的事——平衡真实世界的混乱和抽象模型的完美。他感兴趣的并不只是愈来愈多的资料，而是要了解这无数细节背后所隐藏的模式。

在他的书开始之处，托勒密记下了自己的感受。他知道自己“生命短暂，朝生暮死”，但当抬头仰望天空，看到群星之时，就暂时从凡人的状态中得以解脱。而让托勒密快乐的，并不只是他眼前所见到的事物，而是他了解恒星和行星的“蜿蜒来去”。透过他的理论，托勒密在看似无规律的宇宙之中，找到了秩序。

这就是为什么在这样的夜晚，托勒密会觉得他站在宙斯身旁，分享天堂的玉液琼浆。这幸福是他成就中不可分割而完整的一部分。人还会为了什么夜复一夜地站在黑暗之中，追求孤独的知识之旅，等待天空透露它们自己的秘密？

75. 写作的渴望

弗朗切斯科·彼得拉克（Francesco Petrarca）
诗人、学者
出自他写给朋友的信
法国方丹-德沃克吕斯（Fontaine-de-Vaucluse）
约1340年

奇怪得很，我渴望写作，但不知道要写什么，或者要写给谁。这无可动摇的热情牢牢控制我，因此用笔、墨和纸写至夜深，比休息和睡眠更叫我喜爱。简言之，我发现自己不写作时，总是处在一种悲哀而烦恼的状态，在休息时想着工作，而在工作中又想休息。我的脑袋坚硬如石，你可以把它想成是丢卡利翁的石头（Deucalion's stones，希腊神话中，丢卡利翁掷出的石头变成男人）变成的。

让这孜孜不倦的灵魂凝视着羊皮纸，直到手指头和眼睛都因长久的劳累而精疲力竭，但它却既不觉得热，也没感到冷，只像倚着最柔软的羽绒。它只怕自己被拖走，因此紧紧握着身体这两个想反叛的部位……我的头脑因长久的工作而清新，就好像负重的牲口得了食物和休息而精神一振。接下来我该怎么做？因为我无法停笔不写，甚至连休息的念头都不能忍受。我写信给你，并不是因为我要说的和你有什么关系，而是现在没有人渴望聆听，尤其是关于我个人的消息，也没有人对陌生而神秘的现象像我一样有知性的兴趣，并准备研究它们。

四十多岁的弗朗切斯科·彼得拉克写这封谈写作热情的信给意大利的圣贝尼尼奥（St. Benigno）修道院院长时，已经是声誉渐隆的学者兼作家，当时约为1340年，他可能在法国南部方丹-德沃克吕斯的家。他先前已经写过一首名为《阿非利加》（*Africa*，关于罗马历史）的史诗，在欧洲文化界颇有诗名，也得了许多荣誉。

1340年他接获巴黎和罗马双方面的邀请，要按古罗马的仪式加冕为桂冠诗人。他同意在罗马的卡皮托利诺山（Capitolino Hill）行礼。但他写作的真正动机，并不是为了社会大众的认可。相反，真正让他感到作家之乐的，是他独自一人在隐蔽的书房时。

在彼得拉克坐下开始写信时，他感到只要“笔、墨和纸”在手，就有一股“无可动摇的热情”。他非得写作不可，不论有没有可以写的对象。在这字里行间，有一种叫人啼笑皆非的自知之明，他向修道院院长承认，他是为写而写，而不是特别要写给谁。他就是喜爱写，远胜于世上的一切。

彼得拉克这段文字也表达出他在写作这个身体动作上的欢愉。他喜欢手中握着笔的感觉，和他用墨水一个字一个字写在纸上之后的模样。整整一天都是写作的好时光，但最好的时候却似乎是当他写到“夜深”，这让他的灵魂感到深沉的平静，比任何睡眠都快乐的平和，仿佛他用的精力愈多，就愈觉得活力充沛，“因长久的工作而清新”。他愈辛勤写作，就愈爱这填满纸页的实际经验。“让这孜孜不倦的灵魂凝视着羊皮纸，直到手指头和眼睛都因长久的劳累而精疲力竭。”当他在纸上移动这疼痛的手指头时，却感到至高无上的满足，这是他的天职。

76. 父亲对小说处女作的赞美

范妮·伯尼（Fanny Burney）
小说家
出自她的日记
萨里郡（Surrey）切辛顿（Chessington）
1778年6月18日

我接到夏洛特（范妮的妹妹）的信，无比有趣，因为信上说在我的书出版六个月之后，亲爱的父亲终于读了。

这怎么发生的，我还不清楚，但好像是一等妈妈（范妮的继母伊丽莎白）、苏珊和莎莉（范妮的两个妹妹，其中莎莉为同父异母）出了家门，他就要夏洛特把《每月评论》（*Monthly Review*）拿给他；她趁他打开书时偷看，发现他在读《伊夫莱娜》（*Evelina*）的评论……他读得津津有味，然后把它放下；接着马上又把它拿起来再读。显然做父亲的心为他的女儿感到激动，读关于她作品的评论！我不知道他怎么知道我的书名。不久后他转过头来，要夏洛特靠近他身旁，他用手指头指着“伊夫莱娜”几个字……要她写下这名字，并且派人送到朗兹（Lowndes,《伊夫莱娜》的出版商）那里，假装是夏洛特要买。她从命，然后他就出门了……

但是第二天我接到苏珊的来信，告诉我他已经和海尔斯夫人（Lady Hales）一起开始读了……接着苏珊恳求父亲说出真正的意见，把它们写出来。虽说那些意见即使只给我自己一人看，都实在让我脸红，但我却绝不能不记录下来，因为整本日记再没有比这更令我如此感激的内容。我要把父亲的话一字不漏抄下来，苏珊郑重地宣称它们一字不假：“老实说，我觉得这是我所知最好的小说，除了菲尔丁的以外，有的地方比他写得还高明。”

范妮·伯尼的父亲是知名的英国音乐家查尔斯·伯尼（Charles Burney）。1778年这个6月天，范妮·伯尼刚过完二十六岁生日不久，她待在家庭友人萨缪尔·克里斯普（Samuel Crisp）在伦敦城外的家，刚刚接到城里的家人送来的重要消息。

六个月前，范妮出版了她的第一本书，一本叫作《伊夫莱娜：一名年轻女士进入社会的历史》的小说，颇受好评。按照当时的习惯，因为她是年轻女士，所以并未把作者姓名放在书皮上。她写作这本书同样也瞒着父亲，因此她想他并不知道她是作者。但她的手足却知道这个秘密，现在她父亲也明白了这个事实。

第一个迹象是她妹妹夏洛特发现父亲在读关于这本小说的评论，他很专心。接着他要夏洛特安排去买一本书来，假装这书是“夏洛特要买”。他的口气非常严肃，会不会对《伊夫莱娜》有所异议？他带着小说去和朋友海尔斯夫人一起阅读，这必然在家里造成一股紧张的气氛，因为其他手足都等着他评论。于是苏珊“恳求父亲说出真正的意见”，记录到此，范妮的情感涌现在她的叙述之中，她记载“把它们写出来。……即使只给我自己一人看，都实在让我脸红”。因为妹妹传递的好消息让她非常快乐。

她父亲非但没有否定或批评，反而说“老实说，我觉得这是我所知最好的小说”，他拿它和当时知名小说家亨利·菲尔丁（Henry Fielding）的作品相比较，认为“有的地方比他写得还高明”。

范妮在苏珊的信中读到这些文字，想象他说话的模样，体验到自我肯定的欢喜，她说“整本日记再没有比这更令我如此感激的内容”。这新的肯定流遍了她的全身，她创造的自我如今终于得见天日。

在写作的历程中，她曾经历过奋斗：继母想阻止她写私人日记。现在她充满了信心，准备继续努力。范妮·伯尼后来成了知名的小说家，她写的故事至今还吸引着读者。

77. 知识的闪电

本杰明·富兰克林（Benjamin Franklin）
科学家、政治家
出自他写给朋友的信
费城
1751年10月31日

我忘了有没有告诉过你（同为科学家的卡德瓦拉德·柯登Cadwallader Colden），我把铜针和钢针熔化，翻转了磁针的两极，让原本没有磁力的针产生磁力和极性，并且借着电火花点燃了干火药。我用了五个瓶子，每瓶大约各八九加仑（约33升），其中只要两个充电，就足以达到这些目的，但我可以把它们全部充电和放电，人可以创造和使用的电力没有界限（只是要看花费多少金钱和劳力）；因为瓶子的数量可以无限增加，全都连接在一起，一起充放电，其力量和效果与它们的数量和大小成正比。我认为可以用这种方法轻松超越普通闪电的最大效果，这在数年前还不可想象，即使到现在这样想，也还有点过分。因此我们必须超越拉伯雷（Rabelais，16世纪法国作家）所述两岁小魔鬼的技巧，他很幽默地说，这些魔鬼只学会在包心菜头上发出一点爆裂声和闪电。

本杰明·富兰克林的这封信是写给科学家朋友的，他在做信中说到的实验时大约四十多岁。这时他的印刷事业，和脍炙人口的《穷理查年鉴》（*Poor Richard's Almanack*）的出版使他收入颇丰，财务无虞。如今拥有绅士地位的他已退休，可以追求自己在科学上的志业。

在这封信里，富兰克林提到他创造和运用电火花的方法。在这段时期，他发挥的是发明家的热忱和聪明，而非日后他为美国脱离英国独立而展现的认真与谨慎。散放在身旁的瓶子和针为他带来了乐趣。

这段叙述中的每一个细节，都显现出他对自己所设计工具的精巧独特感到欢喜；装着带电液体的瓶子，就像生日礼物一样让他兴奋莫名，他对自己所能创造的效果——金属的熔化和磁力的改变感到着迷，新的物理世界就在他眼前展开，而对于这些如魔术师一般神奇的力量，他也热情洋溢。

接着他更进一步理解到，除了人类工业和资源的限制之外，这种新力量“没有界限”。他满怀信心摆脱了这种自然的、“普通闪电的最大效果”，不过这并不是出于个人的信心，而是对人类的创造力所产生的信任。他用这些零碎小东西所做的将会交给其他人，继续伟大的传承。

不论是好是坏，人类和大自然之间的新关系已经萌芽，这一刻充满了趣味。富兰克林发现自己想到法国讽刺大师拉伯雷所想象的那种幼小的魔鬼，它们才刚拥有法力，而它们能做的只是“在包心菜头上发出一点爆裂声和闪电”。这些话使得精巧发明的喜悦和学习的兴奋落进了幽默之中。

富兰克林想到自己将把这知识传播给社会大众，必然十分欣喜。他一边玩弄这新装置，一边想着比天空上的一般闪电更亮的电光，必然觉得信心十足。但在他的成就感之中，却有真正的谦逊。其他的追随者将会真正了解他才刚开始明白的事，他为了未来的人类能有更重大的发明而感到欢欣。

78. 春天的活力

爱德华·菲茨杰拉德（Edward Fitzgerald）
诗人、译者
出自他写给朋友的信
萨福克郡布吉（Boulge）
1837年4月21日

啊！我希望你在这里陪我散步，现在温暖的天气终于来临。虽然来迟了，但让人更感欣喜，而且迸出双倍的茂密和美丽。然而这不是实情，就像蛋还没孵化，就先数小鸡一样：东风一来，就可能再度把我们推回严冬；但今晨的阳光让人的毛孔充满了欢愉，就仿佛吸了笑气。接着我的房子也有了变化——书本在高高的书架上，对我的心灵有益；接着是斯托瑟德（Thomas Stothard，英国画家）的《坎特伯雷朝圣者》，这个作品是他依据英国诗人乔叟的诗作《坎特伯雷故事集》所绘的朝圣人物画，也摊开放在壁炉上；莎士比亚则在壁龛里。我多么希望你能在这里待一两天！

爱德华·菲茨杰拉德写这封信时，正在他父母位于布吉村大宅土地上的小木屋里做布置。这地方位于东安格利亚（East Anglia）的伍德布里吉（Woodbridge）城附近。当时菲茨杰拉德已近三十，他写信的对象约翰·艾伦（John Allen）是数年前在剑桥大学时结交的好友。艾伦已经是知名的教士，而菲茨杰拉德却还没确定自己的志向。在此同时，他读了各种语言的诗，后来他以翻译奥马尔·海亚姆（Omar Khayyam）的《鲁拜集》（*The Rubaiyat*）而家喻户晓。菲茨杰拉德的翻译原本在1859年匿名发表，在接下来的十年里大受欢迎，此时菲茨杰拉德才承认自己是译者。

在1837年的这个4月天，菲茨杰拉德觉得在漫长的等待之后，生命成了花朵一般“迸出”。突然之间，这世界似乎多了许多“茂密和美丽”。

春天很可爱，因为它有更多的活力。仿佛每一刻都比冬天的一整天蕴含更多的生命力量。对菲茨杰拉德而言，在那一天，春天的美并不只是漂亮的风景，这个新的季节匆匆涌现，释放出力量。

每一种新开始都被包容在这“欢愉”之中。他的新家，所有的忙碌和准备，都掺杂在这新的精力之中。生性保守而严肃的菲茨杰拉德感受到他心中涌现的快乐，“就仿佛吸了笑气”（笑气在当时算是新发明）。欢笑的精神似乎掌控了他。甚至还有一种刺激的危险，仿佛这欢乐太宏大，仿佛他被这种强烈的感官渗透一般，它有麻醉的力量。

菲茨杰拉德并不常感到快乐，或许就是因此，他才会有这种危险甚至恐惧的微妙感受。但在快乐来到时，他却更能体会它。快乐似乎由外界进入了他的灵魂，他觉得它就像天赐的礼物一样，是降临在他身上的福祉。只是他恐惧的天性却依旧警告他不可期望过高，他知道只要自己一开始享受春日的温暖，就可能马上陷入卷土重来的严寒。但他太开心，而未屈服于自己阴郁的一面。他的欢喜盖过了他与生俱来的紧张。

他回到小屋里，就连刚刚排好在书架上的书本也似乎欢欣鼓舞。屋外小径和旷野的空气充满活力，他的心里也充满欢愉，可以在壁炉上欣赏《坎特伯雷朝圣者》，而在这欢乐的一天，壁龛里的莎士比亚也像守护文学的圣徒一样。

在后来对奥马尔·海亚姆的评述中，菲茨杰拉德说："把握今天（这比许多明日加起来都长久）是奥马尔·海亚姆唯一的立场，不论它多么迅速由他脚下飞逝。"在这阳光普照的萨福克早晨，菲茨杰拉德欣赏眼前这一刻的丰富多彩，自己也学到了同样的一课。就像乔叟所描绘的前往坎特伯雷的朝圣者一样，他还有很长的路要走，但在这可爱的春天，他可以感受到大自然的活力，和支持他创造力的文学传统。

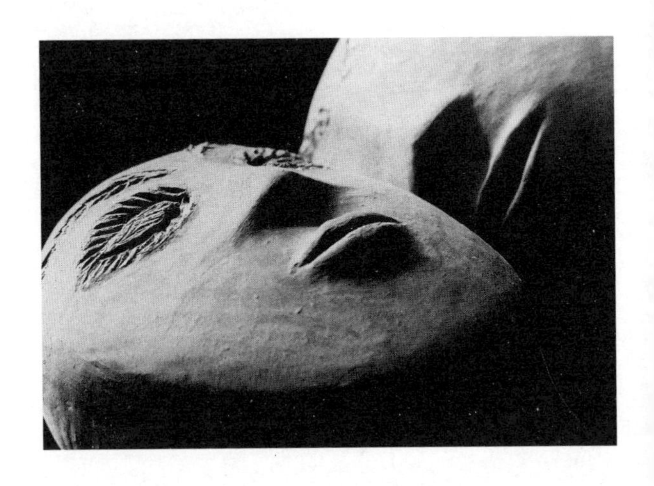

第10辑

爱

79. 最好的香水

伊丽莎白·巴雷特（Elizabeth Barrett）
诗人
出自她写给未婚夫的信
伦敦
1845年12月

我已经把（你的）一些头发放进一个小小的盒子里，这是小时候我最喜爱的叔叔——我爸爸唯一的弟弟给的，他总说自己比亲爸爸还爱我，只要我不高兴，他就会担心。我比我的姐妹富有，部分也是由于叔叔和他的母亲。他几年前于牙买加逝世时，我十分忧伤难过，而他则以在世最后的举动，证明我一直在被珍爱着。现在我还记得他曾经对我说："你要小心自己的爱！——如果你恋爱，绝对不会只爱一半，而会是生死之爱。"

因此我把头发放进他给我的小盒子，这是我习惯带在身上的盒子，但它以往从未装过头发——原本它是用来放香水的，这是历来最好的香水，而且他对我爱的预言也发生了。

伊丽莎白·巴雷特和罗伯特·布朗宁（Robert Browning）邂逅，是在她写这封信前七个月，他到她位于伦敦中心区的家造访时。她已年近四十，由于身体孱弱，很少离开房间。当时她诗名远播，而来访的这位客人也是知名的诗人。他先写信给她，表达对她作品的仰慕之意，于是两人开始交往。

他们的友谊很快就发展为爱情，但必须保守秘密，因为她父亲爱德华·莫顿·巴雷特（Edward Moulton Barrett）在家里十分专制。他们交换这小小的信物，就像走私违禁品一样，浪漫和冒险融合为美味的爱情灵药。

她的兄弟姐妹结婚时，都得不到父亲的

首肯，而且还立刻剥除了他们的继承权。也因此，伊丽莎白由叔叔那里得来的遗产就非常重要——她之所以在写给布朗宁的这封情书中提到这点，也是为了这个缘故。在财务上能得到这一点保障，让他们得以设计一个计划——悄悄结婚，然后私奔到意大利去。如果没有这笔钱，他们的打算就只会是幻想的游戏。

因此这可以算是一封保证信，表示他们有足够的钱，可以一起赴意大利（他们的确在第二年结婚，并且远赴托斯卡纳）。接着她显然觉得自己可以不要那么实际，而把她叔叔的预言告诉布朗宁——只要她恋爱，就一定会是至死方休。她绝对不会放弃，而“会是生死之爱”。这些字是她对情人的誓言，是以趣事的形式做信心的宣告。

她叔叔曾送给她一个平实朴素的礼物，是为了让她记得他的小小纪念品——她经常带在身上的小盒子。她原本在里面滴了一滴香水，很可能是为了在病弱的日子里提振精神之用。如今她在盒子里安安稳稳放了一绺布朗宁的头发。她向他倾吐这个秘密，可能也同时把小盒子举到唇边；她觉得这个小小的象征是“历来最好的香水”。这是甜美自由和爱的香气，是在伦敦半囚禁状态的沉重气氛中，他们未来的轻柔象征。她如今很幸福，因为她明白叔叔的预言已经实现——她的初恋将是生死之恋。

80. 一千个吻

奥诺雷·德·巴尔扎克（Honore de Balzac）
小说家
出自他写给情人的信
巴黎
1833年10月28日

我两点上床。在回家之前，我先走过卢森堡公园附近已无人迹的寂静街道，欣赏蔚蓝的天空，月光和雾气映照在卢森堡公园、先贤祠（Pantheon）、圣叙尔皮斯教堂（Saint Sulpice）、圣宠谷（Val de Grace）、天文台和林荫大道，淹没在阵阵思潮之中。我随身带着两张一千法郎的大钞，但却毫无所觉！是我的男仆发现它们的。那可爱的夜晚让我神魂颠倒；你就置身穹苍！它们向我谈爱；我边走边听，想知道你亲爱的声音会不会由那些星星之上落下，甜美和谐萦绕在我的耳畔，在我的心中；我的偶像，我的花朵，我的生命，我在忧伤而辛劳日子的破旧框架上，绣上了花藤的图案……

我回到书房校对大样，由漫游回到现实世界，再度开始我的幻想，我的爱恋；在晚间六时上床，重新接续我简单的生活，不再活动。明天再会，我的爱。简言之，周五我会在午夜起身，而且会再重读你的最后一封信，看看自己的回信有没有哪里忘了回复。这已是夏天的最后一周，最可爱的天气。巴黎绝美。我的挚爱，我托付空气传递一千个吻给你，在漫步时，一千个快乐的念头散布四方，让我一看到人，就感到说不出的轻蔑。

巴尔扎克生活忙碌，他晚上要写小说（“我会在午夜起身”），他的小说已经十分成功，而且很快就会令他成为19世纪法国家喻户晓的作家。他的生活十分规律严谨，常常孤单一人专心写作，但最近他邂逅了这位收信的对象，改变了他的人生——波兰的叶韦利娜·汉斯卡（Evelina Hanska）伯爵夫人。

1832年，她写信给三十出头的巴尔扎克，赞美他的作品。她的丈夫是富有的贵族，而她在1833年9月，巴尔扎克写这封信的前几周，来到瑞士，在纽沙特（Neuchatel）和巴尔扎克见面。他们坠入爱河，但她必须回家。

不过这封信并未表达分离的哀伤之情。他描写的是十分幸福的经历。昨晚他穿过巴黎的街道，走路回家，放眼望去都是愉快的景象，“欣赏蔚蓝的天空，月光和雾气”映照在这城市的伟大建筑上。同时他全心全意想着自己的情感，“淹没在阵阵思潮之中”。他满怀爱意，因此虽然身上揣着“两张一千法郎的大钞”却忘个精光，即使金钱对他极其重要。

然后那个夜晚起了神奇的变化，突然之间，巴尔扎克觉得他的恋人在四面八方，仿佛“置身穹苍！”。她非但没有远离，反而就在他身旁。她已经成为他的整个世界。

这情感无比浓烈，使他甚至希望能当场听到她“亲爱的声音”。这是令他神魂颠倒的一刻——距离变成亲近，焦虑化为保证。现在他们再也不会分离，永远都会保持亲密，不论在哪里，她永远会和他在一起。但其实在经过许多年之后，他们才终于结合，那时她丈夫早已经去世，而巴尔扎克自己也不久于人世。

不过不论未来如何，在这一刻，爱情本身化为快乐的单纯情感。超越了爱恋对象的触摸与身影，爱是一切。接着巴尔扎克回到自己日常的作息，但那一刻的光辉却弥漫不去。

81. 灵魂的和谐

约翰·史密斯(John Smith)
商人
出自他的日记
新泽西州伯灵顿(Burlington)
1748年5月26日

参加(贵格会)聚会……这对我是特别美好的一次聚会。我在会中等着心中的感受显现，究竟该不该重新拜访亲爱的汉娜·洛根(Hannah Logan)；在等待中，我的心灵满是甜蜜，并且因纯真的爱和一种特别的开阔和自由而得到升华，因此我决定答案是肯定的……

晚上我骑马去斯滕顿(Stenton)。汉娜和她母亲不在家，但她们很快就回来了，而我最亲爱的人儿以优雅可人的自在态度接待我，我们相谈甚欢……

我亲爱的汉娜陪伴我数小时，我们相互的爱与柔情得到了最完满的保证。我们的谈话充满了无尽的信心，而我们的灵魂似乎以最完美的和谐完全交织融合在一起，我们共同呼吸那永恒的唯一，神圣而不可分割的联系彼此赐予了福祉，我们在它之中得到喜悦。

约翰·史密斯是颇有才华的年轻人，在金融业已经小有成就。他在离费城不远的新泽西州伯林顿土生土长。到二十多岁时，他已经认识汉娜·洛根一段时间，两人相处愉快，他喜欢她，但后来两人在一起时却有点紧张，可能是因为他有比较认真的打算之故。现在他已经有一阵子没见到她了。

汉娜的年纪比史密斯略小一点，她的父亲是威廉·佩恩（William Penn，有“宾州之父”之称）的秘书詹姆斯·洛根（James Logan），现在他已是富有的殖民地政治人物。史密斯自己的家境也不错，但洛根家的地位也许令他紧张。然而在那个5月天，他又想要去看她。

史密斯犹豫不决，于是去参加一个贵格会的聚会，等待内心的信号。他该冒险拜访她还是等待比较好？

在平和的聚会中，趁着静默的反省，他的确感受到自我的心性。“心灵满是甜蜜”，所有的犹豫都化为坚定的信心，内心的世界似乎扩展了，地平线伸张了，心思充满爱恋的快乐，他现在可以确定了，当天要去看汉娜。

他先请朋友来午餐，接着骑马去洛根在费城乡下斯滕顿的家。汉娜不在家，不过他决定要等她，虽然他可以此为借口告辞，等下一次再来，但现在他决定不放弃。很快地，汉娜和她母亲回来了。她会怎么对待他？他用了可爱的叙述来表达她的欢迎之意，“汉娜……以优雅可人的自在态度接待我”——符合社会的规范那般端庄，但却也很友善。同时，这也契合了他自己满怀希望的“开阔和自由”。虽然他们的举止和仪态都符合规范，但这却是解放的一刻，是内外在自由的涌现。

他感到欣喜，也松了一口气，“相谈甚欢”。如今他们也不再有上次见面时的拘束，他们谈得愈久，这真正的沟通就愈快乐。他们的谈话充满“无尽的信心”，而“相互的爱与柔情”也将成为他们共同的未来。

这世界是那么自由和充满希望。分隔他们的界限显然已经消融，他们感受到灵魂“最完美的和谐”。

82. 心中的一股刺痛

西德尼·欧文森（Sydney Owenson）
小说家
出自她写给未婚夫的信
都柏林
1811年10月31日

我不像你想的那样是半个小淘气；最美好的感受只耽搁我投向你；而比最好更好的感受，则会把我带回你身边。我抗拒你的温柔、善良、美好，必然不像女人，但我却只是个女人，是的，亲爱的，“每一分每一寸都是女人”。想到我在你怀中，让我觉得心中一股小小的刺痛，你记得吗？唔，亲爱的，如果你不记得，我很快就能唤起你的记忆。我说我今天不写信给你，但我抗拒不了，现在我要去生意人那里，去办阿伯康夫人书的事，在雪中，迎着寒冷。上帝保佑你，爱。

西德尼·欧文森在1811年已经是成功的诗人，也是声誉渐隆的小说家。她还年轻，可能是二十多岁（不过她不肯透露生辰，因此究竟多大岁数依旧无法确定）。她的父亲是爱尔兰演员，她在都柏林接受母亲的教导，是自学成功的例子。目前她是贵族阿伯康夫人（Lady Abercorn）的女伴，而夫人的医师托马斯·查尔斯·摩根（Thomas Charles Morgan）正是收信的对象，他们俩最近刚订婚，将于明年完婚。

她先称自己不是“半个小淘气”，这亲昵的言语暗示了他们的关系，还暗示了其他——她身高只有一米二左右，而她却以自嘲和幽默塑造有利的形象。摩根的身材也矮小，因此阿伯康夫人才介绍他们俩认识，这段文字也蕴含了其他人对这对佳偶的有趣看法。

欧文森可以用极其世故却又直接的方式表达亲密的情感，意味着她和未婚夫必然相互有了深刻的了解。她说一想到靠近他，就觉得“心中一股小小的刺痛”，这既是快乐时光的记忆，也是快乐的感受本身。那刺痛是被爱与爱的感觉，是收拢的圆，就像双臂包围着她。这是在饱受贫穷和排挤，漫长而压抑的人生旅程之后，感受到的安全和稳定。

那亲密一刻的记忆给了她力量。她把信看成是另一种拥抱，一种由写作而达到的亲密，就仿佛她想要防止他们之间出现任何缺口似的。而另一方面，在现实世界，她也忙于阿伯康夫人的事务。覆盖着雪的街道是亲密温暖拥抱的反面，它们必然使这种快乐显得更加生动鲜活。

83. 怀疑论者丧失了理智

列夫·托尔斯泰（Leo Tolstoy）
年轻贵族，后来成为小说家
出自他的日记
莫斯科
1851年1月25日

我坠入情网，或者想象自己坠入情网。这发生在一个晚会上。

我失去了理智，买了自己不需要的一匹马。

规则——绝不为自己不需要的东西出任何价。在抵达舞会时，邀请某位女士跳舞，并且随她伴着波卡或华尔兹舞曲起舞。

今夜我必须想办法把事情理出头绪，并且待在家里。

托尔斯泰当时二十三岁，是俄国地主贵族之子。他幼时就成了孤儿，接连由两位阿姨抚养长大。他的学生时代生活十分混乱而不快乐。如今他住在莫斯科，投入当地富裕人士的社交生活。他债务缠身，又常常觉得无聊郁闷，未来漫无目标。

一个 1 月的夜晚，他又去参加宴会，虽然他并没有预期会发生什么特别的事，以为只是像平常一样，借着交际来排遣自己内心的不快乐。然而意外的事情发生了，就像天雷勾动地火，他发现“我坠入情网”（她显然是一位已婚的公主）。当晚他并没打算要恋爱，他并不认可这样的宴会，却又抗拒不了参加的诱惑。他先前和女人的关系都很肤浅，但突然这种情感找上了他，而引发他的思考。

托尔斯泰当下的想法是怀疑论者典型的反应，他疑惑自己可能只是“想象自己坠入情网”。

但即便如此，他的疑惑还是充满着新鲜感，

而且这疑惑并没有持续多久，因为他立刻又记载它“发生在一个晚会上”。爱的力量太强烈，不可能只是想象，不过或许混合了一些想象在其中。这是不是只是一时的迷恋？还是更深沉的情感？

这体验的确让他神魂颠倒，“我失去了理智”。这情感突如其来，如此强烈，和他平常不冷不热的感觉不同。他的快乐很快就表现在他给自己买的荒唐礼物上，他那抱持怀疑论点的自我指出他并“不需要的一匹马”，但这欢喜却持续下去，他打破了过去的压抑，只要他想，就能潇洒地买下一匹马。快乐准许他这么做。

这是完全解放的感受。现在他只是个恋爱中的年轻人，而非一个烦躁不安、闷闷不乐的贵族。

他开始抗拒这突如其来的放纵，并且提到要给自己设定“规则”，比如，绝不为自己不需要的东西出任何价。但为时已晚。不过按照后来事情的发展，这一场恋情并没有结果，召唤托尔斯泰的不是爱情，而是战争，他很快加入了俄国皇军，但那爱的感觉却已经圆满。虽然稍纵即逝，但爱的确来过。

84. 维纳斯信守了她的诺言

索皮希雅（Sulpicia）
年轻的贵族
出自她写的抒情诗
罗马
约公元前30年

爱终于来到——这样的爱

隐藏会比公开更教我难为情。

维纳斯，听从了我的缪斯，带他来

并把他抛在我的腿上。

她信守了诺言，现在让我的快乐发声

为它自己，也为其他没有自行发声的人。

索皮希雅活在罗马皇帝奥古斯都（Augustus）时期，她的父亲是元老院成员，叔叔则是更有势力的罗马政治人物。我们对她所知不多，她的诗只有六首流传下来，但它们却展现了她私生活鲜活的一面。我们所知这些诗一贯的主题是她的婚外情，而在这里，这名年轻人——她称他为塞林瑟斯（Cerinthus），刚刚进入她的生命。

她为了等待爱的到来，已经花了一段漫长的时间，也把她的缪斯，她的诗，献给维纳斯，求她的欢心。究竟她花了多少诗和恳求才得到她的许诺？她奉献和坚持的回报终于来到。既然维纳斯信守了承诺，那么拒绝她的赏赐就是愚蠢。

当然，索皮希雅写作的方式是按照遥远年代的惯例，就像当时的男性诗人一样，玩弄宗教和神话的观念。但这些文字同样也记录了快乐突然降临某个女性生活的那一刹那，她决定要抓住那一刻——也抓住她的恋人。就像接到意外的礼物一样，这名年轻男子闯入了她的世界。维纳斯“带他来并把他抛在我的腿上”。就仿佛前一刻索皮希雅还两手空空，后一刻他却在她的怀抱之中。与她同时代的诗人贺拉斯（Horace）曾劝告他的追随者要“把握当下”，否则快乐稍纵即逝。因此她把握当下，抓住了这个年轻人，以免他溜走，一切就太迟了。

罗马的女性受的教养是要谦逊，但索皮希雅此刻却大声张扬她的欢喜。在诸神如此慷慨赐她快乐之时，隐藏它反而让人觉得更像是罪行。对身为诗人的索皮希雅而言，文字就是情感的一部分——感到快乐，并且以这种方式把它表达出来，构成圆满的体验。

索皮希雅想象人们的反应，她很清楚大家会怎么说她，他们会批评她丢脸，双重的丢脸，因为先是有这样的举动，接着又表白出来。但那只是因为他们自己从不认识这排山倒海而来的幸福经验罢了。

85. 无可媲美的脸庞

理查德森·帕克（Richardson Pack）
军官
出自他的诗
苏格兰阿伯丁（Aberdeen）
1728年10月26日

我初见你那一刻（谁说爱是盲目的？）
你低垂的头斜靠在手臂上；
情绪低落的表情，但出众的优雅
以谦逊的神情装点着你无可媲美的脸庞。

理查德森·帕克写这首诗时年近五十，他先前担任英国陆军军官，表现杰出，荣退后住在东英吉利（East Anglia）地区，过了几年平静的日子，又奉召回到原先的军团，起先在英格兰西南的埃克塞特（Exeter），接着又由那里的驻地出发，到苏格兰最东北角的阿伯丁，为英王乔治二世镇压在1715年起义失败但依旧作乱多年的詹姆斯（Jacobite）党人。帕克少校先前屡建军功，尤其是在1710年对抗西班牙之役，但现在他的身体却难以应付北方城市驻防要塞的严寒，于1728年12月发烧去世。他在写这几行诗时，已经走到了自己人生最后的岁月。

帕克的婚姻并不美满，因此这些诗句并不是写给妻子，而是写给他称为克拉拉的女士；她真正的芳名已不可考。这首诗在他死后收入全集出版，但却仿佛是私下对克拉拉所说的——即使永远未能呈给她看。整首诗充满了生动的想象力，情感真挚，而这四行是开头的几句。

他的文字表现出对快乐一刻的回忆，在困难时刻中的回想。在他已经退休安定下来，如今却又远离家园，再次成为军人，再度出生入死，参与战斗。他必然感受到这个命运缠绕着他在阿伯丁的生活，那是一座迎着波涛汹涌海面的花岗岩城市。如今他年事已高，不再适应这样的生活，因此他回想过去，渴望平静的美好时光。

最美好的一刻必然是“我初见你”之际。现在，他在想象中对着克拉拉说话，使原先的那一刻仿佛像当初一样触手可及。

这不只是单纯的回忆，而更像是憧憬，仿佛克拉拉就在他眼前似的——她高雅的体态，她“低垂的头”倚在她的手上。正当他想象要写信给她之时，第一眼的印象回到他心头，包括她的头“斜靠在手臂上”那随意的姿态。虽然她姿态随意，但却依然优美，就像古典雕刻一样。

接着是她“情绪低落的表情”。她并没有面对他的视线，或许有点忧郁，或许只是性格严肃。她可能是害羞，但她的整个存在却震撼他的心。如今他再度感觉到他最初感受她“出众的优雅”和看到她“无可媲美的脸庞”时的欢欣。

他其实并不是诗人，但他的写作技巧足以

传达那一刻的感受，因为克拉拉无与伦比的脸庞而使生命有了价值。在这一刹那，世界显示着它拥有什么样的美。

如今，在这遥远的北方城市，他卷入一场很快就会造成他死亡的战争，这一刻浮现在帕克的思维中，就像来自另一个世界的和风。

86. 他柔软的双唇

玛丽·沃斯通克拉夫特（Mary Wollstonecraft）
小说家、哲人
出自她写给情人的信
巴黎
1793年12月

回忆使我的心与你紧紧相连；但浮现的并非是你铜臭味的脸，你虽然做了很多努力想要让我敬重你，但或许我不该对你的性格有所期待——不，我眼前有你诚实的面容——啵，因温柔而放松；有一点，一点，因我的奇思妙想而受到伤害；而你的眼睛因同情而闪闪发光。你的唇异常柔软——而我把脸颊贴在你的脸上，忘却了全世界。爱的色调洋溢在眼前的画面——那玫瑰色的光彩，散布在我的脸上。它发着烫，同时一滴美妙的泪水在颤抖着，那将完全属于你，如果要向自然之父献上感激之情，它让我活着如此幸福——我必须暂停片刻。

需要告诉你，在写完这段文字之后，我感到了平静吗？

玛丽·沃斯通克拉夫特在18世纪90年代初期由伦敦迁到革命气氛浓厚的巴黎，当时她正是三十多岁的盛年。巴黎是个了不起的地方，18世纪欧洲最有权势的君主在这里遭推翻，但这起义本身愈来愈分裂不安。在这样的动乱之中，她写了一本很快使她名扬四海的书——《女权辩护》（*A Vindication of the Rights of Woman*）。

她在吉伦特派（Girondist，较温和的革命党派）支持者的圈子里，邂逅了美国人吉尔伯特·伊姆利（Gilbert Imlay），他曾在美国革命中当士兵，如今来到欧洲，部分是因为法国的变动，部分也是希望能赚钱。伊姆利英俊迷人但不可信赖。他们的关系注定无法天长地久，而且也不美满。1794

年，她生了他们俩的女儿，但他们的关系还是破裂了，她在1795年自杀未遂，不过这原本就是个激情的时代，她的人生后来也有新的展望。

这封信是写给为了做生意而离开的伊姆利，她试图表达自己感受到的本质。她把心思专注在他这个人本身上，他的脸比以往更鲜活——在这一刻，他们俩亲密无间，仿佛爱就在此时此地。这“使我的心与你紧紧相连”，她写道。她觉得与他就像锁在永不分离的拥抱之中。

他离开是为了要进行另一个赚钱的计划，而沃斯通克拉夫特也在情人的世俗和“诚实的面容”两者之间，做了略微尖锐的对比。她知道他其实不值得信任，因此感受到焦虑，但他的另一张脸庞，那亲爱的表情，如今却更显深刻——仿佛他回望着她，仿佛他就在此地。

随着轻柔而突然的一声“啵”，就像魔术一样，他的影像进入了她的思维。这小小的幽默似乎使她轻松了一点。她看到他“因温柔而放松”——无疑的，他也在恋爱。她把他“铜臭味的脸”放在一旁，他更慷慨的一面涌现在她的心头。

这一刻并不完美，因为内心阴影依旧存在。他因某种冲突而受伤，因她的“奇思妙想”而受伤。但一切都“因同情而闪闪发光”的眼神，恢复了正常。那就是她欢喜的泉源——伊姆利眼睛里的光芒，闪现着爱的表情。

她所有的情感在这个吻中化为完整的一刻，她双唇的感受，当时，和后来回想中的触觉。她因他唇这样的柔软而全神贯注。在这个吻中还有他们终会再在一起的承诺。

这柔软双唇的碰触，让沃斯通克拉夫特体会到在时光流转之外爱的刹那。这个吻在她现在的想象和过去的体验中慢慢消退，化为共处时“脸颊贴在你的脸上”的平和。她感激他，也感激生命本身的神圣力量，尽管她无法忘怀他们关系的紧张。她接纳这个吻，并且因“被快乐唤醒”而欢欣鼓舞。

87. 自在交流的一刻

克莱尔·德·雷米萨（Claire de Remusat）
约瑟芬皇后的女侍
出自她写给丈夫的信
巴黎
1810年4月

我为你长久不在身边而烦恼。还要再过三周，我才能再见到你！这漫长的分离让人不安，你无法想象我为此多么忧伤。我们俩分别已久，习惯了与你相处，每天都觉得需要你的陪伴，我想我们的心灵比以往更加一致，意见更加相同，而也更了解合而为一的吸引力。在年轻时，我们总强烈感受到双方的分歧，这对爱情并没有影响，反而更有益，因为它提供了一种自我牺牲的契机；然而年岁渐长，我们偏爱的是较平静而安稳的欢喜，和谐与融洽才是最快乐的事。

你得容许我这回是为写信而写信，而在巴黎的确也没什么事值得告诉你，甚至在自己的小圈子里也没有。我懒洋洋地躺在床上；天气很冷，一点也不想出门，只觉得很舒适，桌子放在膝上，把所有脑海的思绪都写给你。

克莱尔·德·雷米萨写这封信时芳龄三十，她已经和丈夫奥古斯特结婚逾十年，育有二子。

夫妻俩在法皇拿破仑宫廷中都位居要津。她是约瑟芬皇后的密友，而他则是拿破仑的心腹顾问。他们的生活最近因拿破仑与约瑟芬离婚而受到严重影响，而且拿破仑很快又再婚了。长久以来一直如胶似漆的雷米萨夫妇如今不得不暂时分开，奥古斯特在枫丹白露新宫廷陪伴拿破仑和他的第二任妻子，奥地利的玛丽-路易莎（Marie-Louise）。这对夫妻虽然因拿破仑与约瑟芬离婚而分离，但却让克莱尔更感受到她与丈夫之间关系的和谐。

不过目前，她和离婚皇后在一起的生活很忧伤。克莱尔在另一封信中告诉奥古斯特说："你可以猜到，一切都很悲哀。皇后非常沮丧；她不停地哭泣，看到她这样真令人难过。"再加上战争将临的威胁，使得整个情况很艰苦。

她这封信一开始就抱怨"我为你长久不在身边而烦恼"。仿佛她受到了周遭悲伤的影响。但很快地，她却感受到他们之间密切的关系所带来的一切。

他们"年轻时"相识，必然因为"分歧的口味和意见"而有过争执，但如今他们已经结婚多年，他们的关系在"和谐与融洽"的基础上，自然而然发展成更平衡的一体，同时对对方的依恋也稳固地加深。拿破仑和约瑟芬之间的冲突，必然让克莱尔对她与自己的另一半之间的和谐更有感触，她不会低估他们俩"较平静而安稳的欢喜"。

她的心绪平和下来之后，终于幽默告白说

她是“为写信而写信”。她不必以报告消息为借口，写信给她的夫婿。在分隔两地时，写信是团聚最简单不过的方法。她分享了此刻的私密细节，“我懒洋洋地躺在床上；天气很冷，一点也不想出门，只觉得很舒适”。她膝上放了一张小小的写字桌，并且和奥古斯特共享“所有来到脑海或心灵的思绪”。她已经摆脱了周遭的阴郁。

在那怡然自得的一刻，她轻轻松松暖暖和和地躺在床上，自由自在地写信给丈夫，因而能够放下所有的忧虑，就像他们在一起一样感到幸福——而他们的心灵的确也在一起。

88. 生命胜于艺术

本杰明·海登（Benjamin Haydon）
艺术家
出自他写给朋友的信
伯克郡（Berkshire）温莎（Windsor）
1819年10月20日

我亲爱的米特福德小姐，此刻我正坐在我最亲爱的玛丽身边，怀着一位循规蹈矩的丈夫的得意心情，趁她正在静静地做着一些我难以理解的女红时，写信给你。今天天气很好，凉爽、阳光灿烂、温和怡人，正如我妻子美丽温柔的模样。你不知道说出“我妻子”这几个字时，我是多么骄傲。对于《所罗门》或《麦克白》（他的画），我从没有感到像作为这温柔可爱小人儿丈夫一半的骄傲。

昨天下了一整天的雨，户外阴暗、乏味、沉寂而无聊，但在屋里却有阳光普照，让我忘记了风雨。玛丽微笑说，你绝不能相信我现在写的半句。不，你“整句”都得相信。不论我的情绪有多么激动，或者满心柔情脉脉，都不会因而丧失理智。大家都很想见见我妻子，人人似乎都感到惊讶。一位朋友写信来说：“我以为你这个人会娶一见钟情的年轻女孩，而非娶个寡妇。”哈哈！我想他们是想象一个老寡妇，她的脸上冰冷像雪，而非红润美丽的青春美女。下周我要回城开始学业，请接受我们对你亲切恭喜的谢意。希望你能容许我送你一大块结婚蛋糕，让你分给邻近每一位亲朋好友，并送上幸福的祝福。

本杰明·海登是英国画家，精通在大片画布上画古典或《圣经》故事的题材。在经历一段艰苦的日子之后，如今三十多岁的他已经成为备受重视的艺术家，也结交了许多艺术家和作家朋友，其中一位就是这封信的收信人，小说家玛丽·罗素·米特福德（Mary Russell Mitford）。

其实海登在财务上碰到了一点困难。他的画作都很巨大，需要很长的时间才能画完，诗人华兹华斯（Wordsworth）曾说他的画“每个鼻孔，每片指甲”都有凭有据。因此他出售的画作不多，但债务却不断增加。不过1819年他娶了年轻的寡妇玛丽·海曼（Mary Hyman），以应付这些现实问题。

这一阵子，他人生的重心放在爱情上，他的快乐就在于一个伟大的事实“我在这里”那就足够了，在新家和他的新娘在一起。他所有的艺术计划和工作都是徐徐进行，慢慢才实现，但爱情却不同——他“坐在我最亲爱的玛丽身边”，其他一切都不需要。在他所爱的女人身旁，眼前的这一刻就已经足够。

他对自己作为“循规蹈矩的丈夫”忍俊不禁，陪着正在静静修补衣服的太太。他并不知道她究竟在做什么，只觉得自己从前从未获准进入女人的世界，这世界让人感到慰藉而平静。

一整天他都觉得很舒畅。“凉爽、阳光灿烂、温和怡人”。明亮的平静正符合他的心境，他的作品创作主题都饱含激烈的力量感；但在这里，这居家的时刻，他认识到了一种可能的卑微，但并不因此逊色于宏伟的美。他看到平凡的细节怎么汇聚成宝贵的价值。

他的妻子也加入了他与朋友的书面谈话，因为他记下“玛丽微笑说，你绝不能相信我现在写的半句”。这封信成了爱与友谊戏谑的交流。

他开始揣测如果他的社交圈子听到他结婚时的反应，他们不会明白玛丽有多温柔多美丽，但这只会使他远离众人的这一刻更加欢喜。

第11辑

黄昏

89. 城堡花园的月光

华盛顿·欧文（Washington Irving）
作家
出自他的旅游日志
法国枫丹白露
1824年8月30日

夜晚，在宫殿（皇家城堡）的花园行走——友善的英国人在我们身边打转——我们（在城里）住的街道很吵——快活的铁匠总在打铁，唱二重唱——伴着铁砧的声音——军刀碰撞叮当作响——枪骑兵团（lancers，以枪矛为武器的骑兵）驻扎在此——在街道上游手好闲——马儿在街上闲晃——驿站马车来来去去——年轻的枪骑兵成群结队泡在咖啡馆。另一隅，寂静无人的宫殿景物却恰成对照。离开宫殿来到花园，月光映照而轻柔——宫殿建筑尖顶上的新月和皇后花园的树木混合在一起。在花园中有白色大理石喷泉，一旁是铜制的雄驹——花园中美丽的夕照——玫瑰红的云彩。

华盛顿·欧文因《李伯大梦》(*Rip Van Winkle*)和《沉睡谷传奇》(*The Legend of Sleepy Hollow*)而举世知名，这两则短篇故事最先是在1819年至1820年间收录于《见闻杂记》(*The Sketch Book of Geoffrey Crayon, Gent.*)一书中。欧文生于1783年，在纽约曼哈顿长大，双亲都是英国移民。他在1815年赴欧，先到英国待了几年，处理家族事务，然后在1822年赴德国。1824年夏天，他动身前往巴黎，枫丹白露就离巴黎不远，这座城市因皇家宫殿知名，这里雄伟的城堡见证了许多国王(包括称帝的拿破仑)的起落和权力的更替。

欧文以他特有的文风，用许多破折号夹句，来记录他周末在枫丹白露所度过的这个傍晚。这样的文体有时仿佛改变了事件的顺序。他记下了自己“在宫殿的花园行走”，也记载了有个英国人一直“在我们身边打转”。

接着他报告了自己走出枫丹白露旅馆，发现“街头非常喧闹”的那一刻。这并非平常那种车水马龙的喧嚣，在他一触即发的想象中，这地方就像一出迷人歌剧的布景——有许多“快活的铁匠”在唱他们的“二重唱”；有舞台的气氛，好像观赏欢乐的法国故事，还配上管弦乐伴奏；铁锤似乎在演奏活泼歌曲的韵律。这里还有一些骑兵在咖啡馆里打发时间，他们的剑铮铮作响，伴着马儿来去的声音。欧文必然在他所住的旅馆外欣赏着这些典型的景象，他气喘吁吁的辞藻充满着欢乐。他不但感到愉快，而且陶醉着迷，准备好迎接一个特别的夜晚。然而这一切都是枫丹白露瑰丽花园的序曲，当他从城堡出来时，看到“月光映照而轻柔”，仿佛在街道的喧闹沉寂之后，舞台灯光突然闪出一道淡淡的银光。

新月似乎栖息在宫殿的塔尖和屋顶上，并

且和花园中幢幢树影“混合”在一起，让他体会到神奇的一刻。

先前在夜幕低垂之始，他曾看到花园里有白色的喷泉，一旁是雄驹的雕像，仿佛着了魔般静止。夕阳使得云彩变得“玫瑰红”，整个景象美丽无比。

在二重唱和军刀的叮当作响、在他身边打转的英国人和咖啡馆的喧闹之后，这座城堡花园为欧文带来同样神奇的内心平静和幸福。

90. 秋日

王维
诗人、画家
出自他的诗《山居秋暝》
中国西安南部
759年

空山新雨后，天气晚来秋。
明月松间照，清泉石上流。
竹喧归浣女，莲动下渔舟。
随意春芳歇，王孙自可留。

王维约于700年生于今山西省祁县。他二十出头时已经中了进士，原在地方任职，但到730年左右被召回长安。不过他的官运并没有扶摇直上。到756年（天宝十五年）安禄山之乱，他被乱军捉拿，被迫为官，等平乱之后他被问罪，身为高官的弟弟为他求情而从轻发落。他因这些纷扰而感到灰心疲惫，并为先前母亲与妻子辞世而感到忧伤，因此退隐到长安（现在的西安）南边的辋川乡居。

他在辋川写了许多自己在当地日常生活的诗。他住在秦岭脚下，依山傍水，钻研佛法，并且自创独特的画风，影响深远。他和其他诗人常有往来。这段时期虽然是唐朝的盛世，但对王维而言，他人生的最后几年却是平淡宁静的日子。这首诗描写夏末时的一个黄昏，这天一直很潮湿，而此刻“新雨后”，有一种雨水在空气中还萦绕不去的意味。秋天虽然尚未来到，但他已经感觉到季节正在变换。这是幻化的一刻，日夜、明暗、夏秋。

他看着松树，见到月亮已经挂在枝头。月光处处反映着小溪的涟漪，它们挟着新落的雨水，由山腰汩汩而下。他听到远方河边洗完衣裳的妇女在回家途中聊天的声音，也听到渔夫的船轻声作响——他们可能也已经做完当日的工作。在这一切之后，则是恬静而不间断的水声。

这异乎寻常的平和让王维感受到此时此刻黄昏所有人与物、阴影与声音的细节，泛着空灵——雨已经不再下了，因此“空山”和“春芳歇”。

起先他的心情可能略带哀伤，欣赏这向晚时分的美丽。而在这些不同的景象声音到来之后，他化为一种心平气和的满足，品味着最后一线日光，和夏日的最后一丝滋味。

91. 山中音乐

汉斯·克里斯蒂安·安德森（Hans Christian Andersen）
作家
出自他写给友人的信
德国布罗肯峰（Brocken）
1831年5月26日

在这里，我坐在布洛克斯贝格（Brocksberg，即布罗肯峰）上，在一朵云中写信给你，一朵叫人心惊的云，由下方看来可能很美，而且许多才华洋溢的诗人都祈愿自己能够置身在这美丽的群山之中；但他们真该试试看！这里都是雪，炉上点着火，旁边坐着一个英国人。真像冬天；我不得不喝了两杯潘趣酒，而且我要去睡了，因此不再谈这地方。就在此刻，三名女仆在窗外舞蹈。她们按照德国风俗，身披飘逸的棉质斗篷，头戴发网；她们在采花，而轻盈如雾的云像闪电一样飘过；就像《麦克白》中的景象！在其他游客之外有三十个人；他们随身带了乐器，愉快地演奏。由于我们什么都看不见，因此我要伴着音乐入眠。

安德森写这封信时才刚离开哥本哈根的学校不过几年，他靠着一些慧眼识明珠的伯乐的赞助，摆脱了贫困的生活，日后他会成为家喻户晓的童话作家。1831年，他已经知道自己想要写作，也发表了一个故事，颇受重视。但他还不确定自己要写什么样的书。

在写给家乡的朋友莱索夫人（Mrs. Laessoe）的信中，他想尝试旅行写作，这在当时颇为风行。也因此他才停留在德国北部哈茨山（Harz Mountains）上的这个旅店，这里与他靠海的故乡比起来，必然让他觉得行千里路，“在这里，我坐在布洛克斯贝格上，在一朵云中写信给你，一朵叫人心惊的云”。

火在炉上噼噼啪啪，一个英国人坐在附近，

虽然将近6月，但安德森还得喝两杯热潘趣酒来暖身，“真像冬天”他评论道。显然在他看来，这个傍晚并不怎么浪漫，他已经打算上床就寝。

就在此刻，他停止了抱怨。他看见窗外有三个人影，也注意到她们打扮的德国斗篷，和“头戴发网”。这是个奇特的景象，这些年轻女郎在阴暗中采花。他立刻打起精神，忘了不适和烦闷，充满想象力地陶醉在“飘逸的棉质斗篷”和神秘的光芒之中。他不再冷嘲热讽，反而被这些女郎的魅力所惑。她们为什么要在这个起雾的寒冷夜晚采花？

安德森是在运用几个不同的联想。大家都知道德国传说中的“瓦普几司之夜”（Walpurgis Night），在五朔节的前夕，女巫齐聚一堂，在布罗肯峰狂欢。另外还有他十一岁时所读莎士比亚的剧本《麦克白》，他爱这个剧本，之后又读了许多次。在他眼中，这三名“女仆”立刻幻化为三个女巫，而德国高山上的云朵则化为苏格兰荒野的雾。虽然他明知真相，却觉得好像有魔法。

接着符咒消散，很快，这三名“女仆”有了同伴，群众聚拢过来，而且还带着乐器。

安德森最后还是决定上床，而此时神奇的感觉再度出现。旋律倾泻到他的房间，因此他将要“伴着音乐入眠”。眼前这一刻突然美丽而完整。他轻柔而快乐地坠入梦乡，伴着山间的音乐，不再为未来烦忧。

92. 让过去复活的书本

尼科洛·马基雅维利（Niccolo Machiavelli）
政治家、哲学家
出自他写给友人的信
佛罗伦萨附近
1513年12月10日

傍晚时分，我回家走进书房。在门口，我脱下沾满灰土的日常衣服，换上贵族宫廷所穿的服装。打扮妥当之后，我步入古人庄严的殿堂，他们热情地接待我，我取用专为我准备，而我也以此为生的食物；我们无拘无束地交谈，询问他们采取各种政治行动的理由，他们也出于人性的仁慈，宽厚地回应。一次四个钟头，我没有感到一丝无聊，忘却所有的烦恼，不畏贫穷，不怕死亡。我融入了这些人的世界里。因为但丁曾说：除非你保留已经理解的事物，否则就永远学不会任何事情，因此我记下与他们的谈话，写成一本简短的研究作品《君主论》(*The Prince*)，我在其中倾注了自己所有的想法，讨论君王究竟是什么？有什么类型？怎样得到君王的地位？又如何保持其位置？为什么会失去王位？要是我的奇思异想曾经让你感到愉悦，那么这本书一定不会让你不高兴。

尼科洛·马基雅维利生于1469年，后来在他的故乡佛罗伦萨颇有势力。1511年，他已经在共和政府中担任外交官和公使多年。但在1512年，西班牙军队推翻了共和国政权，美第奇(Medici)家族重掌佛罗伦萨，马基雅维利先被控阴谋叛变下狱，并遭酷刑折磨。几个月后他获释，且获准放逐到他父亲在佛罗伦萨南方圣卡夏诺(San Casciano)乡下的庄园。他在这里写信给住在罗马的外交官朋友弗朗切斯科·韦托里(Francesco Vettori)。

马基雅维利早已经习惯热闹辉煌的生活，

如今隐居乡间农舍，周遭都是田地树林。他整天都在漫步，不时驻留当地的小酒馆。虽然生活并不贫乏也不困苦，但他无聊至极。他对乡居生活一向不感兴趣，虽然离他喜爱的城市距离不远，在乡下的一切对他都是异域。

然而在每个疲惫的日子尽头，他总有引导自己恢复快乐的途径，说不定是比他成功荣耀的任何时候都更深沉的快乐。他脱下漫游树林和草地的家常服装，换上自己被放逐以前荣耀生活时所穿的豪华服饰，只是他并不是去拜访当代权贵的宫廷府邸，而是步入自己的书房。摊开皮质封面的拉丁文书籍，他见到的是过去的灵魂，尤其是古希腊和古罗马的灵魂。他就这么端坐在自己的房内，阅读历史学家和哲人的著作，信件与诗歌。终于，他摆脱了自己当前的无聊和焦虑。

虽然时人回避马基雅维利唯恐不及，因为和他有所牵扯未免太过危险，但古代的作者却“出于人性的仁慈，宽厚地回应”。他不再需要怕难为情，免于乡村生活的常轨，也可以暂时把下狱的痛苦抛诸脑后。死亡本身也噤了声。毕竟这些文字之交的年岁都已经许多世纪，不朽在呼唤他。

这是深入、丰富而长久的一刻——“一次四个钟头”。在这段时间，马基雅维利翻阅书页，在想象中与他古代的朋友交谈。这种持续的快乐使得生活中其他的部分都退到背景之后，彻底消失，“我融入了这些人的世界里”。他彻彻底底变回自己的本来面目，做“我天生该做的事”，而放下了我执。

就在他夜晚所得到的这种快乐之中，一本不朽巨著诞生了——马基雅维利的《君主论》。这本书的灵感并不是野心、危险或痛苦，相反的，这些想法是源自快乐的时刻，他自由自在地在自己书房中写成。他过去在政治和公众事务上的经验无疑是打造这成就的部分基础，当然，这本书也充满了世故的智慧和经验。然而它的起源却来自别处，是在佛罗伦萨城外夜幕将临的乡居书房里，由和古人的想象对话所促成。

93. 夕阳之美

佚名
出自《万叶集》
日本大阪附近
759年之前

行经难波海

黄昏夕照生驹山

芳草碧连天

美丽如花可人儿

悄然归返未可期

这段描述傍晚时分美好感觉的和歌是出自日本最古老的和歌集《万叶集》，此集约在759年由京都宫廷几位知名的学者编纂完成，共收录4500首不同时期由贵族和宫廷作家写的和歌。不过这首和歌却不同，以佚名收录，并解释说，因作者出身卑微，无法和其他尊贵的作者相提并论。这首和歌让我们对宫廷外升斗小民的日常快乐有所体会。

8世纪，日本的奈良时代（710—794年）受到中国思想深远的影响，《万叶集》全书采用汉字。这首和歌中对日常生活的微妙感受深受唐朝文化的影响，不过在描述这傍晚的片刻之时，也有非常独特的个人体会。

作者先在海边展开他的和歌。难波（如今的大阪）海上的波浪在太阳下闪耀，接着他记录了陆地的旅程，如今阳光已经黯淡，夜晚即将来临。在距今许久之前，歌人生活中的这一刻只随着自然光线变化，而和时钟不相干。他的时间并不是社会意义上的时间，而是自然的时间，是天空上太阳的韵律。在他开始和歌之时，海水散发着金光，但在太阳低垂之际，他已经来到青草如茵的山麓。

随着那晚的每一分钟过去，这歌人必然活在当下。我们无从知晓他的生活背景，因为很可能根本没有记录，但他望着大海和落日时的感受，却被保存在古老的《万叶集》之中。这么多世纪之前在古日本生活中激情的一刻能够被保存下来，不免让人觉得特殊而且感动。

他把灿烂的波浪留在身后，越过碧草如茵的大地，而他的意识则保存在声光景物之中。在那里，在群山环绕之中，很可能是马醉木这种灌木的花朵盛放，在大地上渲染出浓烈的色彩。他必然感受到一种包容一切的美，忍不住把他的想法告诉他所爱的女人。她的美也在这里围绕着他，就像薄暮中的大自然一样出现在他眼前。她的身影是这丰富多彩“山上遍开”花朵的一部分。

天空渐暗，他的思绪来到未来——旅程结束之时。很快，他就会回到她身边。他们的会面，爱的拥抱，是这个黄昏美丽世界的最后表现。

94. 心回到静谧的家

多萝西·华兹华斯（Dorothy Wordsworth）
作家
出自她的日记
坎布里亚（Cumbria）格拉斯米尔（Grasmere）
1800年5月16日

下了一夜蒙蒙细雨，温暖而温和……我提着一篮苔藓，还采了一些野生植物。噢！我们有一本植物学的书。所有的花朵现在都欢欣而可口甜美。报春花依旧醒目抢眼；较晚开的花朵和亮眼的洋地黄长得非常高，花苞已经冒出头来。她绕湖而行，走在洛瑞格坡（Loughrigg Fell）之下。我看到一对石鵖（Stonechat）十分有趣，它们一边不断喧闹，一边点水而去，互相跟随，它们的影子在身下，接着又回到岸边的石头以同样不知疲惫的声音吱喳。我不能跨过河水，只好……踩着踏脚石绕过去。莱德尔（Rydale）湖非常美丽，湖面的斑纹像抛光钢材制成的枪矛一样。格拉斯米尔湖在暮色的最后一瞥中非常庄严。它把心召唤回静谧的家。

多萝西·华兹华斯来到山峦起伏的英格兰湖区，住在格拉斯米尔村里。她为大名鼎鼎的诗人哥哥威廉·华兹华斯管理家务。他们俩在附近土生土长，不过后来迁居英格兰西南部，直到最近才搬回此地。1800 年暮春，她二十八岁。

她平常有写日记的习惯，在她去世后，她的日记也十分出名。写这篇日记的这一天，她独自出门漫步，最后在两个附近的湖——莱德尔湖和格拉斯米尔湖畔，享受了难得的一刻。

她的文字提供了一连串小小的欢喜。空气温和而清新，“下了一夜蒙蒙细雨，温暖而温和”。

在村外湖边的树林里，她看到几株陌生的植物，很急切想知道它们是什么，“噢！我们有一本植物学的书”。但她也可以把这个心思放下，单纯享受“花朵……欢欣而可口甜美”的景象。她的感官回应着暮春景物的吸引力。

她沿着湖边步行，走在险峭的洛瑞格坡之下，看到了两只鸟“点水而去”。她的眼睛跟着这两只石鹍鸟，“它们的影子在身下”。每一个细节都被她凸显出来，即使掠过水缘的那些小暗点。

下午慢慢地变成黄昏。多萝西想要动身回家，那表示要越过流经两个湖之间的小河，她发现没有路可“跨过河水”，直到她“踩着踏脚石绕过去”。

她在小河中，踩着一个一个的石头，平衡自己的身体向前行，太阳几乎已经下山，最后的一点光映照在天空上。

一边是莱德尔湖“非常美丽，湖面的斑纹像抛光钢材制成的枪矛一样”，反射出夜晚的银光。在另一边则是格拉斯米尔湖，“在暮色的最后一瞥中非常庄严”，依旧在渐暗的天空下。这是情感的体验，稳稳扎根在尘世一日将尽的感官之中。

多萝西在她每日的远足中，见过许多美好的事物，现在这个黄昏则为她带来深刻的平静：“它把心召唤回静谧的家。”

在日记中她写到在回家的路上“原本非常忧郁”，因为自己赴克拉波斯盖特（Clappersgate）村去取信，却没有她的信，再加上可能因为疲惫，让她差点泪下。但到最后，这一天的欢喜和平静涌入她的情感之中，“等我回到格拉斯米尔（村），我觉得这对我有益”。甚至连那丝忧伤都化为这个黄昏所赐予她深沉的接纳和对生命的肯定。

95. 沿着水边漫步

亨利·弗雷德里克·阿米尔（Henri Frederic Amiel）
哲学家
出自他的日记
日内瓦
1851年6月16日

今天傍晚，我在贝尔格桥（Pont des Bergues，日内瓦市中心的一座桥）来回走着，在清朗无月的天空下，因水的清新而欢欣，两个码头的灯光映照在水上，在熠熠发光的星星之下隐隐约约。见到这些正要回家的年轻人、家庭、夫妻和孩子，就要回到他们自己的家，边走边唱或说话，让我对这些过客产生了一种同情和感动；我的眼睛和耳朵变成诗人或画家的眼睛和耳朵；即使只是出于善意的好奇，看到他人生机勃勃地活着，也会感恩生命，感到欢喜。

亨利·弗雷德里克·阿米尔住在日内瓦，属于瑞士法语区。他写这段日记时二十九岁，两年前已经获得日内瓦学院（Academy of Geneva）任命，担任美学和法国文学教授（1854年，他担任伦理学教授）。他是个着重内心的人，喜爱阅读、听音乐，以及欣赏大自然之美。他也喜欢和人谈话，对儿童很亲切和蔼，不过在教导自己的学生时，却不那么自在。

他一人独居，而他的社交生活又因当时日内瓦的政治冲突日渐严重而受限。他是在日内瓦的激进党（Radical Party）由保守和贵族派系夺权之后，才担任教授，因此虽然他本人对政治问题并无所知，但他以及其他类似学者的任命却颇受争议（因为先前的教授在政权改变时都离职他去），而这也使得他受到限制，难与这城里主要以贵族文化为主的知性生活有所接触。很多时候，他都是孑然一身。

在这个初夏的傍晚，他觉得情况好了一点。

他在贝尔格桥漫步，这是罗讷河由日内瓦湖流出之处的一座桥梁。能够接近“水的清新”，让他觉得心旷神怡。码头上的灯光映照在幽暗的河水上。而在他上方，繁星也在清朗的天上绽放光芒，在“清朗无月的天空”上“熠熠发光”。

这古老的城市似乎非常自在地面对大自然。显然人人都出来欣赏这6月的夜晚。形形色色的人们都在湖边散步，大家共享这天空、星辰和湖水的清新与全景——衬映着群山作为背景。

阿米尔注意到不同的人们：有老有少，有一家大小，也有男男女女，大家一起闲逛，然而他们的生活却充满强烈的对照！天色已晚，他们也纷纷打道回府，只是他们的家天差地别，有的人住阁楼，有的人却有豪华的客厅。

他们的声音令他吃惊，“边走边唱或说话”，或许天色已经暗到看不清他们的脸庞，但他却能清楚地听到他们的声音，让他对生命充满欣赏。

这个黄昏让他们全都聚在一起。突然一股

感觉油然而生，阿米尔觉得他和其他日内瓦的居民建立了联系，在这一刻他和他们共享了生命。他们只是“过客”，是一个怡人夜晚的陌生人，然而在这一刹那，他对所有走过河边湖畔的人“产生了一种同情和感动”。他们不再是漠不相关的人，虽然由一方面来说，他们依旧是陌生人。他觉得自己能够平等地拥抱他们所有人。

他明白了一些事物，几乎和平常的想法背道而驰。他知道要体会自己的生活，定得欣赏他人的存在，接受他人截然不同的生命形态。他人使他快乐。在那一刻，在傍晚的湖边，阿米尔感觉到“看到他人生机勃勃地活着，也会感恩生命，感到欢喜”。

阿米尔内心十分敏感，他就像“诗人或画家”一样体验到这情景。一切对他来说都十分真切，他原本就习惯“出于善意的好奇”这种感受，然而如今因为每一个人突然都如此真实，他们的生命和他自己的一样深沉，因此这种自然的好奇也就化为兴奋的喜悦。

或许这只是电光石火的一刻，而且开始得十分突然，但在哲人深思的人生中，却和其他时刻一般深刻。

96. 暴风雨之后的宁静

弗朗西斯·希金森（Francis Higginson）
牧师、移民
出自他的航行日记
马萨诸塞安角（Cape Ann）外海
1629年6月27日

星期六的早晨雾气蒙蒙，但上午八点以后晴空万里，吹西南风。我们继续前行，天气没有多少变化，但忙碌不已。大约下午四点左右，好不容易用罗盘固定港口的位置，准备入港（事物的变化多么突然），霎时之间却狂风暴雨，雷电交加，我们满心恐怖，水手则费尽心思，在愤怒的风暴袭向我们时，辛苦地把帆放下来。但是，赞美上帝，它只持续了一阵子，很快就又止息。主以这个方式显示只要它有意，可以用什么方式对待我们。然而，上帝赐福，它很快就让暴风雨止息，让它成为一个美丽愉快的傍晚。吹起西风，让我们在五点至六点之间，来到美好的港口，离安角尖端7英里（约11公里）。

弗朗西斯·希金森1587年生于英国中部的莱斯特（Leicestershire）郡，父亲是教区牧师，而他1610年由剑桥大学毕业时，也跟随父亲的脚步当了牧师。他后来在莱斯特郡担任英国国教的牧师，但是1627年，他参与了清教徒（Puritan）运动，和主教起了冲突。1628年，坎特伯雷大主教开始肃清英国国教中同情新教徒的分子，希金森担心自己会坐牢，因此同意加入由马萨诸塞湾公司（Massachusetts Bay Company）所组织的移民。1629年4月25日，他和妻子安带着孩子由格雷夫森德（Gravesend）登上塔尔伯特（Talbot）号，驶向马萨诸塞。

6月27日星期六，他们在海上的考验已经差不多结束了，他们已经接近马萨诸塞的安角。

这个“早晨雾气蒙蒙”，但后来变成了风和日丽的一天，但突然地，“大约下午四点左右”海面又开始不平静，“狂风暴雨，雷电交加”。这样的暴风雨必然会让信仰虔诚的人认为是神的警告，但他眼前的活动却宛如戏剧一般，水手拼命保住船只的平安，大家都担心在这么接近港口的最后关头会功亏一篑，他们横渡大西洋所受的千辛万苦到头来都是一场空。

虽然风雨排山倒海而来，但幸好并没有持续多久。黄昏时分，暴风雨已经平息，在天空重显平静的那个时刻，希金森感受到“一个美丽愉快的傍晚”，如今“恐怖”的下午已经过去，他满怀庆幸自己劫后余生的喜悦。虽然希金森还必须要面对未来的考验，他在塞勒姆（Salem）地方的新移民中虽然举足轻重，但一年多之后就去世了。不过，此刻已经值得他这一趟的辛苦。

风雨之后，这地方温和的氛围似乎再一次接纳这些移民，一如先前他们接近新世界时，曾受到海面上美丽黄色花朵的欢迎一样。“海上满是海草和黄花，就像麝香石竹（gilliower）一样，我们愈接近岸边，花朵愈多，有时散布在海面上，有时则集结成很长的一大片，我们猜想是潮水把岸边低地草地上的花朵带来的缘故。现在看到陆地上美好的森林和绿树，以及在海面上的这些黄色花朵，让我们更急切想看看新英格兰的新乐园，我们远远地看到了富饶的预兆。”

这些美丽的水域先前因风雨而阴暗了一阵子，但现在，在傍晚柔和的光线之下，满足感和希望油然而生。这两天，每一天都有其快乐时光，而这一天的结束让一切圆满。

97. 一本神圣的小书

乔治·里德帕思(George Ridpath)
历史学者、教区牧师
出自他的日记
苏格兰边区(Scottish Borders，位于苏格兰和英格兰交接处的行政区)斯蒂希尔(Stichill)
1755年12月13日

为明天做准备。读了一点《美洲的大英帝国》(*History of the British Empire in America*)第一册，是今天由图书馆借来的。傍晚读了(西塞罗的)《给阿提库斯的信》(*Letters to Atticus*)，睡在爱比克泰德之上，这本神圣的小书我已经变得十分生疏。

乔治·里德帕思大约生于1717年，父亲是苏格兰教会的牧师。他在爱丁堡大学读过书，被苏格兰教会任命为牧师。1742年，他成为苏格兰边境城市凯尔索（Kelso）附近斯蒂希尔村的教区牧师，在那里终老（1772年）。他1764年和威廉明娜·道森（Wilhelmina Dawson）结婚，育有一女，但他在写这段日记时还是单身，与寡母同居于牧师住宅中。他是学者，却并不十分虔诚，喜欢阅读历史和哲学，而且通常在周六才赶着写周日布道的讲稿，就如这里所说的"为明天做准备"。

在这个12月的周六，这位牧师读了不少书。他先忙着读了约翰·奥尔德米克森（John Oldmixon）的《美洲的大英帝国》，这书于1708年出版（他在凯尔索买到了一本）。他对这书很感兴趣，因为他自己也在写当地的历史。他的《英格兰与苏格兰边区历史》（*Border History of England and Scotland*）一书在他去世后，于1776年由同为教士的兄弟菲利浦为他出版。接着他又读了伟大罗马作家西塞罗的作品，他的《给阿提库斯的信》是应酬书信和沉思对话的楷模。

但在夜晚将尽，里德帕思行将入睡之际，他

又拿起爱比克泰德（Epictetus，约于135年逝世）的书来读，这位哲学作家生于现今的土耳其，是获释的奴隶，后来到罗马和希腊居住生活，他的主要作品《语录》（*The Discourses*）是里德帕思的睡前书。书中文辞慧黠机智，以格言警语为伊壁鸠鲁派的哲学做辩护；其中心思想是要把握当下，过适度而满足的生活；主要谈的是如何生活、情感的节制，以及和谐的平静。爱比克泰德也主张接纳各种不同的宗教，正是里德帕思写完他的周日讲道词之后所欣赏的文章。

他有时候会以可爱的感激之语，记录晚间所读最后一本特别的书，就像他说"睡在爱比克泰德之上"。在他吹熄蜡烛之前，蜷曲着身体所抱着的最后一本书，都是他特别喜欢的文字，包括罗马作家贺拉斯的诗。这个晚上，他必然特别仔细研读了爱比克泰德。

这欢喜对他来说有点意外。他对《语录》已"变得十分生疏"，因此这本小小的书仿佛是第一次读一样。他爱读这“神圣的小书”，在这里，“小”和“神圣”达到使人感动的美丽平衡，承认这位古代哲人的思想虽然发人深省却是人力可及，虽然深奥但却并不遥不可及。牧师在此用上“神圣”一词也令人失笑，因为它并非宗教论述。

两天后，15日星期一，里德帕思花了一点时间写《圣经》评述，不过同样又是因为傍晚的阅读让他表达了欣赏的快乐，“晚上津津有味地读爱比克泰德”。对他来说，能够在冬日向晚时分安坐下来读本好书，是真正的享受。他又完成了一周该做的讲道，思绪可以自由自在漫游，慢慢进入梦乡。这是一天的完美结束，也是迎接夜晚最佳的方式。

98. 无拘无束看游船

沃尔特·惠特曼（Walt Whitman）
诗人
出自他的日记
加拿大安大略省萨尼亚（Sarnia）
1880年6月19日

圣克莱尔河（St. Clair River）畔夕阳西下。我在前街（Front Street）写这一段文字，就在河边——圣克莱尔河岸。落日——巨大的血红色球体刚刚降临，在密歇根湖畔，在水面上朝我所站之处，抛下明艳的深红色轨迹。河上满是划船和小艇，年轻的船手集体或单人在练习——一个美丽而鼓舞人心的景象。

就在我写这些文字之时，一艘长艇和四名脱去划船衣的划手迅速划了过去，他们的桨在桨架上嘎嘎作响。

对岸，往南一点，在密歇根湖畔，是休伦港。这是个静谧、湿润、艳丽的黄昏，暮色愈来愈浓。在雾气中，蝙蝠和各色的大昆虫飞舞。一只落单的知更鸟呼啸叫唤，接着是较柔和的咯咯声，在邻近的树丛之中。火车头的喘息和一节节的车厢由岸边驶过，偶尔会发出突然的喷气或尖锐的声音，在空间里四散。在这些实用的插曲之中，却是可爱、柔和、舒适的景象，美好的半小时夕照，接着出现一段漫长带着一点灰色的玫瑰红暗光，这是6月白日将尽时偶尔会有的景色。由河边飘来的各种声音美妙得像音乐！我在这里的大半时光，都注意到这些美丽的小艇和划船，其中有些划得绝佳。

沃尔特·惠特曼在1880年6月刚过六十一岁生日。他已经在1855年发表了《草叶集》(*Leaves of Grass*)的第一个版本，受到文评家和读者的一致好评，可是他缺钱用，也因中风而健康不佳。

惠特曼是应年纪略轻而仰慕他作品的年轻

精神病医师理查德·布克（Richard Bucke）之邀，来加拿大数周。他先赴布克夫妇在安大略省的家，之后搭火车赴圣克莱尔河畔的萨尼亚（布克先前曾在此居住、工作），盘桓数日，他可以看到对岸的密歇根州休伦港（Port Huron）。

这个6月傍晚，他自由自在。他一向就爱看水面上人们乘船来往的景象，其诗歌杰作《过布鲁克林渡口》（*Crossing Brooklyn Ferry*）表达了他对故乡纽约海上生活的热情。然而他也能欣赏此地截然不同的特色。

他凝视着圣克莱尔河上不同的划艇。充满精力的划船者轻松自如掌控船只，他赞美他们的灵活和力量，但却也因为自己的年龄和欠缺青春活力，而带着一股淡淡的忧伤。他把视线转向空中，鉴赏天空之美。和纽约及他现在所住的新泽西相比，这里真是另一个世界。他原本是都市活力的代言人，但在这里，他很高兴找到了较为和缓的韵律。

惠特曼快乐的这一刻是由许多对立的事物组成——知更鸟的呼啸和火车头的声音；机器和划船；即将到来的夜晚和白昼最后的微光。在这个夜晚，过去和未来、陆地和水面、都市和乡村生活，年轻和年老等对立的事物得到了融合。在这一切之后，惠特曼坚强的自我和超越世界的决心，变得更加强大和深刻。

在这温柔的一刻一切都平和，紧张压力已经消退。

99. 诗人的儿子上床睡觉了

安·伊尔斯利（Ann Yearsley）
诗人、作家
出自她诗作的前言
布里斯托
1795年2月27日

由当时的情况，化为记忆的影像，浮现在作者的脑海，1795年2月27日。

作者（对她儿子）：上床去吧，我儿。

儿子：你今晚要写作吗？

作者：是的。

儿子（把手表放在桌上）：看，多晚了！

作者：没关系——你去睡。

这小小的手表多么耐心地辛勤工作！

我的血管随着它的动作跳动。

安·伊尔斯利生了七个孩子。在这个2月的晚上，四十多岁的她正坐在其中一个儿子的床边。她的一生颇不平凡。她的双亲很贫穷，母亲是送牛奶的女工。伊尔斯利写的一些诗引起了一名贵妇（她自己是知名的作者）的注意，看出她的才华。伊尔斯利在1785年出版了第一本诗集，颇获好评，她接下来的作品包括了名作《贩奴之不人道之诗》（*Poem on the Inhumanity of the Slave Trade*）。

伊尔斯利的丈夫是自耕农，她写作的酬劳改善了他们一家人的生活，但她与赞助人发生争执，使得这平静的生活中断了。不过她还出版了一本小说，并有一个剧本在巴斯（Bath）演出。

在伊尔斯利坐在儿子身边之际，她记下了这宝贵的时刻。首先她写下日期，1795年2月27日。她记得和儿子的对话，是一日将尽之时的家常对话："上床去吧，我儿。"这是任何一个父母都会说的话；许多世纪以来在安静的黄昏已经被说过了无数次。他还不想睡，她的声响是让他睡不着的原因。他知道她还不会睡，想要和她共享这个傍晚："你今晚要写作吗？"在他年轻的生命中，常常见到她写作。

"是的。"她很平静而让他安心，果断而自在。他指着他的怀表，这是令他骄傲的财产："看，多晚了！"或许他希望她今晚不要写作，而和他在一起。她安抚他"没关系——你去睡"。一天的这一刻并没有什么特殊之处，没有事让这孩子担心。他去睡了。

她听到手表的嘀嗒，就像儿子的心跳或他的呼吸。在接下来的时光里，她构思了诗作的起头"这小小的手表多么耐心地辛勤工作！"就像她一样稳定而无法阻挡。"我的血管随着它的动作跳动。"她开始写一首充满想法和论点的长诗。

这是真理显现的单纯一刻，一日将尽的平和。这就是为什么她要在开始写诗之前记录它。在那一刻，人生是完整而自在的，身为母亲和诗人，她快乐地坐在孩子的床边。这是面对莫大压力之下所得到的平静喜悦。知名的作家贺拉斯·沃波尔（Horace Walpole）起初同意赞助伊尔斯利的诗时，就表达过他的关心，担忧这样的支持会让她无法专心面对家庭的责任，“夫人，要是我没有被你送来的作品样稿说服，认定这个女人有才华，我就不该鼓励她发挥爱好，以免让她从照顾家庭的责任里分心”。她已经克服这样的偏见，得到完全快乐的这一刻。